LOCUS

LOCUS

LOCUS

LOCUS

Smile, please

smile 118
分心不上癮：
如何保有線上生活，卻免於家庭失和、同事臭臉、靈魂墮落
作者：方洙正（Alex Soojung-Kim Pang）
譯者：賴盈滿
責任編輯：潘乃慧
封面設計：李君慈
校對：呂佳真
法律顧問：董安丹律師、顧慕堯律師
出版者：大塊文化出版股份有限公司
台北市10550南京東路四段25號11樓
www.locuspublishing.com
讀者服務專線：0800-006689
TEL：(02)87123898 FAX：(02)87123897
郵撥帳號：18955675 戶名：大塊文化出版股份有限公司

總經銷：大和書報圖書股份有限公司
地址：新北市新莊區五工五路2號
TEL：(02) 89902588 FAX：(02) 22901658
初版一刷：2014年10月
定價：新台幣350元
Printed in Taiwan

Smile, please

smile 118
分心不上癮：
如何保有線上生活，卻免於家庭失和、同事臭臉、靈魂墮落
作者：方洙正（Alex Soojung-Kim Pang）
譯者：賴盈滿
責任編輯：潘乃慧
封面設計：李君慈
校對：呂佳真
法律顧問：董安丹律師、顧慕堯律師
出版者：大塊文化出版股份有限公司
台北市10550南京東路四段25號11樓
www.locuspublishing.com
讀者服務專線：0800-006689
TEL：(02)87123898　FAX：(02)87123897
郵撥帳號：18955675　戶名：大塊文化出版股份有限公司

總經銷：大和書報圖書股份有限公司
地址：新北市新莊區五工五路2號
TEL：(02) 89902588　FAX：(02) 22901658
初版一刷：2014年10月
定價：新台幣350元
Printed in Taiwan

分心

The Distraction Addiction

不上癮

方洙正 Alex Soojung-Kim Pang 著
賴盈滿 譯

獻給希瑟（Heather）

目錄

達爾文在塘屋開闢的步道「沙徑」的入口。（© The British Library Board, 010822.de.81）

引言
兩隻猴子
Two Monkeys

喋喋不休的猴子

日本古城京都西郊的嵐山（意思是颱風的山）山腰有一座岩田山公園。公園裡小徑曲折，可以俯瞰景致宜人的京都風光，但最大的賣點是那裡住了大約一百四十隻獼猴。岩田山的獼猴群性很強，喜歡嬉戲，有時還很機靈狡猾。和所有獼猴屬的猴子一樣，牠們既合群又聰明，會和親人玩耍，互相照顧幼小，彼此學習技能，甚至擁有特殊的團體習慣。

這些獼猴當中，有的沉迷於泡澡、做雪球或洗食物，有的熱中於捕魚或用海水當調味料。岩田山的獼猴以剔牙和玩石頭聞名，因此雖然我們向來認為文化是人類的專屬品，但有些科學家認為獼猴也有文化。牠們天生的好奇與狡詐非常像人，前一秒你才看見某隻小獼猴動作好可愛，下一秒牠的夥伴已經偷走你在公園入口買的零食了。

這群獼猴還有一點也很像人。牠們這麼聰明，卻什麼事都無法專心太久。住在京都西郊的山腰上，這群獼猴每天都能欣賞世上數一數二的古城景致，但牠們卻無動於衷，老是喋喋不休，喃喃自語。這群獼猴活脫就像佛教形容的「心猿意馬」，我最喜歡用這個詞來比喻毫無章法、過動不安的世俗凡心。藏傳佛教大師丘揚創巴仁波切曾經說過，猴子的心（心猿）是瘋狂的，「蹦蹦跳跳，無法停留在一個地方，完全靜不下來。」

猴子的心動個不停，反映出一種深沉的不安定。猴子的心靜不下來，所以怎麼都坐不住。同樣地，人的意識也幾乎總是流動不息，就算靜默時，思緒也很難不飄開。再加上電子產品的嗡鳴聲、收件匣有新訊息的閃動提示和語音信箱的通知聲，我們的心就像喝了三杯濃縮咖啡的猴子一樣瘋狂。現在的資訊選擇和設備就像吃到飽的訊息大餐，種類多樣、變化多端，最能吸引猿猴般的心（the monkey mind）。過量讓它興奮，亮閃閃的東西讓它著迷，猴子的心完全無法辨別好科技和壞科技，也無法區分好選擇和壞選擇。

佛教經常提到「心猿」的概念，顯示心靈和外在世界的關係已經被深入探究了數千年之久。所有宗教都包含冥想，要求信仰者藉由沉默和獨處來靜定心靈。在聖公會《晨禱與晚禱》（*Matins and Evensong*）的導言中，基督教會會長約翰・卓利（John Drury）忠告敬拜者，「應當保持耐心與放鬆，讓長久的傳統說話」，並「擺脫外在生活的羈絆，讓我們的思緒與感受更貼近自己」，唯有如此，人才能完全進入「那古老而淡定的服事秩序，得到一個空間、一個架構及提示，讓我們得以思考自己的懊悔、希望與感謝」。天主教修士用冥想來預備心靈，以便接受神的智慧。紛亂的心聽不見神的聲音。而在佛教，心靈的戒持更像目的，而非達成目的的手段。凡心就像攪動的水。佛教徒說，只要心如止水，它就會像平靜如鏡的湖面映照出一切。

人機合一的猴子

岩田山公園幾英里外的京都大學有一所機器人實驗室，裡頭有一個由猴子操縱的機器人。那隻恆河猴名叫伊多亞（Idoya），但神奇的是伊多亞不在日本，而是在美國北卡羅來納州杜克大學的一間神經科學實驗室裡。牠的大腦藉由網路和機器人連結在一起。神經科學實驗室的負責人名叫米格爾．尼科萊利斯（Miguel Nicolelis），他是在巴西出生長大的，讓這個故事更全球化了。尼科萊利斯潛心研究大腦和大腦在學習執行功能時的變化，而他專長的領域，科學家稱之為腦機介面（brain-computer interface, BCI）。你現在買得到初階的腦波讀取器，能讓你操作電玩，而科學家正藉由腦機介面來標定大腦的功能，並測試大腦控制複雜物件的能力，希望有一天能運用腦機介面，繞過受損神經發送大腦信號，讓脊髓損傷或神經退化症患者恢復控制身體的能力。

尼科萊利斯實驗過許多猴子，伊多亞是最新的一隻。過去十年，尼科萊利斯的研究團隊證實了，大腦植入電極的猴子可以操縱搖桿和機械手臂，而且大腦掃描的結果非常驚人：當猴子操縱機械手臂時，牠的前額葉（專司手臂控制的大腦部位）的神經元是激發的。換句話說，猴子的大腦不再將機械手臂當成工具，或是自身之外被它利用的物體，而是重新建構對於猴子身體的認知，將機械手臂納為自己的一部分。就神經而言，猴子手臂和機械手臂的界線變模糊了。對猴子的大腦來說，猴子手臂和機械手臂都是身體的一部分。尼科萊利斯及他的日本同行在伊多亞大腦專司行走的部位植入電極，然後讓伊多亞走跑步機，研究牠行走時大腦神經元的激發狀況。只要伊多亞服從指令加快或減緩速度，就會得到獎賞。他們在跑步機前架了螢幕，但不是播放新聞節目，而是CB-1的現場影片。CB-1就是京都大學實驗室裡那個真人尺寸的機器人。它本身也是個奇葩，身上有四台攝影機、多台迴轉穩定器和兩隻能抓取物體的機械手，可以握球棒、揮棒和模仿人類操作一些簡單任務。

當伊多亞一邊看著螢幕裡的機器人一邊行走，牠腦中的電極會收集控制運動的神經元所發出的信號。信號透過網路傳給CB-1，CB-1再根據信號和伊多亞一起動作。伊多亞愈能操控機器人，牠得到的獎賞就愈多。牠就這樣一邊邁步一邊吃燕麥片，一小時後科學家關掉跑步機，伊多亞停止前進，但依然盯著螢幕。牠沒有讓CB-1停下來，而是讓機器人繼續走了幾分鐘。尼科萊利斯的研究團隊再次證明了，靈長類動物的大腦可以學會直接操縱機器人，而且在過程中會開始將機器人視為自己身體的一部分。大腦掃描顯示，伊多亞無論擺動自己毛茸茸的四肢或操縱機器人的電子元件塑膠手臂，大腦的變化都是一樣的。就牠的大腦而言，兩者不再有任何差別。

伊多亞和岩田山的獼猴代表人類心靈的兩面，兩種人類和資訊科技的關係，以及兩種未來。喋喋不休的猴子是未經訓練和規範的反應式心靈，喜歡刺激但無法留住思緒。賽博格（cyborg，譯按：機械化有機體）猴子則是不受科技役使的心靈，因為牠不再感覺使用的科技和自己有所區隔，需要特別留意。刻意的練習、見招拆招、實驗過程和神經迴路的重新搭接，已經共同創造一種延伸心靈，讓大腦、身體和工具彼此交纏、合作無間。

我們讓喋喋不休的猴子控制我們的科技太久了，繼而又想不透事情為何會變得那麼糟。我們想成為人機合一的猴子（但不要那麼多毛，也不要植入電極），和伊多亞一樣，不假思索就能使用複雜的科技，又不覺得那是負擔或無法專心。我們希望科技能擴展心靈，加強我們的能力，而不是摧毀我們的心靈。

這樣的掌控是做得到的。我們無須被迫進入無止境的分心狀態，感受所有不悅與不滿，而是能輕輕鬆鬆善用資訊科技，幫助我們更加專注、更有創意，也更快樂。

這樣的方式，我稱之為「沉思式計算」（contemplative computing，編按：新創詞彙，意為「以深思熟慮的方式使用電腦」。為求行文順暢，全書以「沉思式計算」稱之）。這個詞聽起來像是矛盾修飾，故意說反話。沒有比科技密集的現代社會更不適合沉思，也沒有比和電腦、手機、臉書或推特互動更無助於清明思考的事情了，不是嗎？

沉思式計算不是來自科技突破或科學發現。它不是買得到的東西，而是一種實踐方式。沉思式計算來自科學與哲學的一種新融合，來自某些古老的心靈和專注力鍛鍊術，以及人們如何使用資訊科技或被資訊科技利用的大量經驗。它讓我們察覺心靈和身體如何跟電腦互動，以及我們的專注和創造力如何受科技影響。沉思式計算幫助我們和資訊科技重新建立互動方式，讓科技更為我們所用，並且許諾我們和資訊科技建立一個更健康、更平衡的關係。

數位分心現象

為了瞭解如何做到這一點，讓我們先看看大多數人眼中的數位生活現狀，然後推想它可能的樣態。

想像現在是週一早晨，你伸手到床頭桌上去拿智慧型手機，將鬧鐘關掉，接著一手揉眼，一手點開手機上的電郵圖案。你其實還沒醒，只是下意識這麼做。你看著圖案轉動，等手機連接到電郵的伺服器。

收件匣有十九封新訊息，大多數是自動生成的電子報、折價訊息、每日特價或社群媒體最新動態，六封是比你更早起的同事寄來的。你回了其中一封，準備撰寫另一封回信，突然覺得不知道該怎麼回，便點開網路瀏覽器看新聞，晚點再回信。歐洲的銀行正在爭論這一波紓困方案的條件……那斯達克指數又一次暴跌……某實境節目中的某位參加者自殺，各家部落客對這個消息的評論……你忽然察覺已經過了二十分鐘，該起床了。

搭乘地鐵上班途中，你漫不經心望向窗外，發現一名駕駛一手拿著手機，另一手握著方向盤，正在靠手機導航，另一名駕駛則是一手握著方向盤，另一手拿著手機發簡訊。相較之下，一邊開車一邊講手機根本是小兒科。你覺得警察應該開單懲罰不專心的駕駛，但愈來愈多巡邏車上配有筆電，連警察自己也愈來愈不專心了。

工作還是和往常一樣：這幾個同事需要數字，那幾個同事等你回覆意見；你能幫忙處理這個問題，解釋這些選項，跟這個人談談嗎？這麼多事情如果是為了同一件工作也就算了，偏偏全都互不相關，這就另當別論了。你已經很習慣工作常被打斷，但今天就連打斷都被打斷了。你很難拒絕，也很難重新專心。每次被打斷，你都需要幾分鐘回想自己剛才做到哪裡，整理思緒重新開始。

下午稍晚，你終於準備把成果列印出來。你按下列印鍵，結果出現了錯誤訊息：你必須更新印表機的驅動程式。你點了「更新」，一分鐘後又出現另一個訊息：最新的驅動程式不支援你的舊版作業系統。你或你公司的資訊部必須更新作業系統。半小時後，你重開電腦，終於把成果列印出來。這樣的遭遇雖然令人挫折，但並不罕見。根據二〇一〇年由科技業巨擘英特爾贊助的哈利斯（Harris）互動調查，電腦使用者每天耗費四十三分鐘（也就是每週五小時，每年十一天）等待電腦開機、關機、執行軟體、開啟檔案和連結網路。

下班後，你和朋友見面小酌一杯，路上行人都盯著自己的手機，很難從螢幕上分心。你覺得你的手機在褲子口袋裡振動，於是伸手去拿準備接電話，卻發現手機不在那裡。你摸了摸其他口袋，擔心手機是不是弄丟了。上回手機不見時，你感覺一部分腦袋也跟著當掉了。好險沒事，手機在外套裡。

你和朋友喝酒聊天，兩人不時收到簡訊，談話因此斷斷續續。你們各自低頭看手機，想也沒想就開始打字。有一則簡訊特別怪，是前女友發來的：內容胡言亂語，而且發訊時間（在她的時區）是半夜。「我聽過這種事，她可能是在夢中打的。」你朋友說，眼睛依然盯著手機。真的？「跟夢遊很像」——**打字打字打字**——「只不過」——**打字打字打字**——「變成邊夢邊打字。」

睡覺也在發簡訊，這件事聽來並不離譜。畢竟資訊科技和網路已經徹底滲透進我們的日常生活。國際電信聯盟（International Telecommunications Union）指出，二〇一〇年全球有六億四千萬戶（總數約十四億人）家中至少有一台電腦，其中五億兩千五百萬戶（九億人）有網路連結。美國有九千萬戶家庭（占美國總家庭數的八成）擁有個人電腦和網路，其中將近半數的家庭有兩台以上。七千萬戶家庭擁有 Wii、PlayStation 或 Xbox 一類的遊戲機，四千五百萬戶擁有共九千六百萬支智慧型手機，七百萬戶擁有平板電腦。六成的家庭擁有三台使用網路的電子設備，四分之一的家庭擁有五台。

你每天平均接收和發送一百一十則訊息，查看手機三十四次，造訪臉書五次，至少花半小時按讚和發訊息給朋友。和大多數人一樣，你使用智慧型手機的**智慧**功能遠多於**手機**功能：你花一小時上網檢查電郵、發訊息和上社群媒體，只花十二分鐘講電話。尼爾森（Nielsen）市場研究公司和皮尤研究中心（Pew Research Center）發現，美國人每個月平均花費六十小時上網，一年大約七百二十小時，相當於九十個工作天。其中二十天用在社群媒體上，三十八天瀏覽新網站、YouTube 和部落格等等，三十二天處理電郵。你可能開始覺得維繫上網生活很像工作，因為確實如此。

我們手上的數位設備愈來愈多，花在上頭的時間也愈來愈長。這不只是量的改變，也是質的變化。無論我們喜不喜歡，數位科技及數位服務已經和我們的日常生活緊密交織。一名矽谷工程師說：「從前電腦是我每天生活的一部分，現在是我**分分秒秒**的一部分。」這位工程師曾經任職谷歌和臉書，連她也感受到了變化。她和我們許多人一樣，察覺資訊科技在我們生活的大小事上扮演愈來愈重的角色，從維繫家庭、照顧家人到社交生活都是如此。從前我們常說整天與電腦為伍的人是駭客，現在人人都是駭客。

數位生活很棒，但也有其代價。隨時掌握所有人分享的大小事，有時就像不可能的任務，光是數量就很驚人，更何況還要及時回應。他們都是你的朋友（或者所謂的「朋友」），如果不一直注意他們分享的動態，就可能錯過什麼。新的簡訊或電郵來了會有聲音固然很好，但若點了「更新」卻空空如也，我們又會悵然若失。

有時我們會覺得問題特別嚴重。當所有人（包括朋友）都需要你的關注，身旁又不斷有事讓你分心，保持專注就變得**非常難**。我們工作時經常被一件又一件的事情岔開，很難完成原本的工作。最近的研究和實際調查顯示，多數員工每天不被打斷的時間只有三到十五分鐘，但至少得花一個小時（相當於每年五週）處理這些旁務，然後才能回到自己的工作上。儘管你隱約懷疑這些打斷和重疊拉低了你的創作力，但你分心處理的每件小事似乎都很緊急，讓你感覺自己很忙。然而，當大家都是一副忙不完的樣子，過量工作就成為一種榮耀，過勞就成為新的常態。一心多用讓你感覺自己在工作，其實反而讓創作力大打折扣。

員工經常分心讓企業組織損失不淺。一九九六年的全球經理人調查指出，三分之二的經理人認為，經常分心和資訊過量影響了他們的生活品質。更晚近的研究則估計，美國二〇一〇年因為資訊過量而浪費了兩百八十億小時和一兆美元——該年美國的國內生產毛額為十四兆六千億美元。一般員工每天花費半小時處理設備或網路的問題，一年下來，電腦問題就耗掉了十五個工作天。

訊息川流不息。不停的通知聲、跟上訊息的渴望，以及不斷分割時間與力氣的努力，開始讓我們喘不過氣來。真正需要專心的時候，我們愈來愈難專心，讀完一頁卻記不住讀了什麼。我們不僅很難回到一小時前做的事，甚至連那件事是什麼都想不起來。你會忘記心裡列的購物清單，有時走進家裡某個房間卻忘了要做什麼。

平衡的選擇：沉思式計算

現在讓我們想像一個完全不同的週一早晨。

清早醒來，你伸手到床頭桌上去拿手機，將鬧鐘關掉，但沒有立刻檢查電郵或網路新聞。你回想過去幾個月一醒來就檢查電郵的經驗，知道晚點再看會讓你一天的心情比較好，而且你想多享受一下離線的時間。週六深夜，你設好咖啡機後，將手機切到靜音，手提電腦和平板電腦收到桌子抽屜裡。你一週上網六天，維持連線狀態，週日則和朋友做一些高度「類比式」的事，例如健行或烹飪，還有兩位朋友重拾了編織和繪畫。這個星期日是烘焙和讀書。你到市場逛了很久，回家備料、混合，烤了一堆咖啡蛋糕，夠你將那本由布魯克林藝文界後起之秀的八百頁小說讀完。

後來，你還是用手機看了電子郵件。但你點開程式之後就將手機放在桌上，螢幕朝下，起身去拿咖啡。這是一個小小的反抗，彷彿在說：**我會看電郵，但什麼時候看由我決定**。

雖然已經隔了三十六小時，但你的收件匣沒有太多新訊息。你關閉所有來信通知，退掉不必要的電子報，只留下最有用的，而且設定很嚴格的過濾條件，在你打開收件匣之前，就先幫你剔除不重要的郵件。

工作時，你必須專心忙自己的工作，不理會同事臨時的請求。沒錯，同事求助你應該回應，但慌張的要求不一定是緊要事項，而且你有自己的工作。你關掉手機，開啟程式切掉網路。接下來兩小時，你心無旁騖，不讓自己有機會分心，沒有電郵、臉書、Pinterest和亞馬遜，也不管同事，統統之後再說。同事如果需要什麼，他們知道你在哪裡。讓同事想辦法贏得你的注意力，不要他們一來就抬頭招呼，過濾掉那些喜歡占用你的時間、但其實不是真的需要你的同事。

現在你手上有一份工作，你把它想成一場遊戲，規定自己寫出多少字、編寫出多少程式碼，或處理完多少帳戶。不久，你開始全神貫注，感覺自己就像是爵士鼓手，完全專注於下一個鼓點，沒有半點多餘的動作。

兩小時之後，你重新打開手機和網路。沒想到專心做一件事可以完成這麼多。雖然還是需要一心多用，但只有一個目標，而不是多頭馬車。

傍晚，你花半小時到臉書和推特追蹤朋友的動態。你會定期刪除名單上的一些朋友。你的動態時報不再那麼擁擠，因為你很謹慎挑選需要關注的對象。現實生活中，朋友來來去去，你能花在朋友身上的時間也會改變。你不再那麼常寫、常看貼文，並盡量只貼自己認真想過、仔細寫好的文字。你的目標不是吸引眾人注意或累積追隨者。上網是為了和別人建立有意義的聯繫，善用注意力，尊重朋友的心靈世界，而不是為了打發時間，為了臉書而臉書。總之，你努力善用資訊科技。你會觀察自己的行為，觀察不同的作法如何影響你的創作力和心情，選擇好的作法，去除壞習慣。但當一切運作自如之後，你會關掉心裡的監視器，享受資訊設備從工具變成你的一部分的感覺，完全投入當下。

沉思式計算的四大原則

用這種方式運用科技，和科技建立關係，就是沉思式計算。想做到這一點，必須瞭解和應用四大原則。

首先是**我們和資訊科技的關係非常深刻，代表人類獨一無二的能力**。科技有時好像會把我們變成沒有靈魂的可怕機器，變成有如博格人（the Borg）或機器戰警一樣的賽博格。但愛丁堡大學的哲學家兼認知科學家安迪．克拉克（Andy Clark）不這麼認為。他主張我們其實都是「天生的賽博格」，永遠都在運用科技延伸和擴展我們的身體及認知能力。事實上，我們最好別將心靈想像成侷限於大腦或身體內部的東西，而是想像人類具有「延伸心靈」（extended mind，這是克拉克和大衛．查默思〔David Chalmers〕的用語），由多個單元重疊組成，連結了大腦、認知、身體和物體。我認為資訊科技之所以造成痛苦，不是因為它們取代了我們的認知能力（我們的認知能力永遠充滿彈性、變動不居），而是因為它們經常設計不當，而我們使用時也不用心。資訊科技就像無法控制的四肢。

第二個要點是**世界已經變得更容易讓人分心——但我們有方法可以掌控延伸的心靈**。沉思式空間消失得和熱帶雨林一樣快，我們的工作和生活也變得愈來愈紛亂。現代科技對於人類專注力的威脅或許是前所未有，但我們永遠必須面對分心和定力不足的問題。數千年來，我們早已發展出許多有效的方法。在亞洲，瑜伽、佛教和譚崔（Tantric）的止觀、日本的禪修及韓國的禪學，都各有本事馴服容易分神、喋喋不休、躁動不安的猿心。神經科學家、心理學家和心理治療師也都發現冥想對大腦影響巨大，可以強化體能，並有益於化解許多心理問題。沉思式技巧不只能控制猿心或克制不自覺的一心多用，還能調整適應，讓你重新掌控延伸的心靈。

第三個要點是**面對科技一定要三思而後行**。你必須仔細觀察自己和資訊科技的互動狀況，瞭解自己對這些互動的看法，才能掌握你的延伸心靈的發展和運作方式。我們和資訊科技的互動（亦即延伸心靈的外接點）受到幾個因素影響：設備和介面的設計、我們使用設備的方式與情境，以及我們對於自己和對人機互動的認知。這些認知可能帶有未經檢視的假設，影響我們看待資訊科技運作方式的角度，以及哪些工作模式對我們有害。

第四個要點是**我們可以重新設計延伸心靈**。瞭解延伸心靈、更清楚如何選擇和運用科技，加上熟悉沉思技巧，你就更能掌控延伸心靈，更懂得如何強化它。瞭解這些要素如何協調統合，運用科技時就能謀定而後動，並且在過程中重拾面對挑戰、深入思考和發揮創意的能力。

沉思式計算不僅是一項哲學主張。它是理論**兼**實踐，是四大原則衍生出來的無數小技巧與有意識的習慣。沉思式計算是一套指引與法則，讓你查看電郵卻不至於分心，幫助你懷著善意善用臉書與推特，讓你以不占專注力的方式掌握（真正的**掌握**）智慧型手機，協助你觀察自己運用科技的方式，並嘗試新的作法。

資訊科技已經無所不在，徹底滲入家庭與工作，融入現代生活，以至於一開始很難決定從哪裡限縮起。既然如此，我們不如仿照許多沉思技巧，從呼吸開始做起。

1

呼吸

Breathe

電郵呼吸暫停症

在你往下讀之前，請先拿起你的手機或 iPad 或筆電檢查電郵。你可能每天檢查好幾次。對我們許多人而言，檢查電郵已經成了反射動作，做的時候幾乎不會察覺。生產力專家建議每天檢查工作上的電郵幾次即可，然而許多人只要電腦選單列一出現新電郵通知就會開信箱，甚至每幾分鐘就會點一下「收信」按鈕。這是出於緊張的下意識動作，就像看錶一樣。現在有電腦代勞，每小時檢查電郵數次。如果你在不同設備和所有電郵帳號都設了來信通知，每天可能要開啟收件匣幾百次。

所以，檢查電郵吧，但這一回不要去想收件匣裡可能有新訊息在等你，也不要反省上週的那幾封電郵應該怎麼回。試著不要讓思緒亂飄，而是將注意力放在你身上，觀察自己的行為，看電腦如何回應你，你又如何回應電腦。

更重要的一點，觀察你的呼吸。你會屏住氣嗎？應該有，而這個小小的無意識習慣說明了一大堆事情。它顯示訊息傳遞雖然不涉及身體，讓我們以為和物質世界無關，其實會影響身體和世界。此外，它還顯示我們運用資訊科技的方式和使用腳踏車打氣筒、電梯和沙拉夾的方式不同。科技成為我們心靈和記憶的延伸，和我們交織在一起。

琳達．史東（Linda Stone）是科技顧問兼作家，曾在蘋果電腦和微軟擔任主管，是那種有辦法想出**連續部分注意力**（continuous partial attention）這種詞彙的人。連續部分注意力是指一個人將注意力分配到多個設備上，從來不專注於某個設備的現象。二〇〇八年，她發現自己每回檢查電郵都會屏氣。於是她開始在咖啡館和會議上觀察別人，詢問朋友並做了幾次非正式調查，結果發現許多人檢查電郵時都會屏氣。

史東將這個現象稱為「電郵呼吸暫停症」。這個詞來自睡眠呼吸暫停症，是一種呼吸症狀，起因是氣管受阻以至於空氣無法進入肺部，或大腦無法傳達指令給肺部，要肺部呼吸。睡眠呼吸暫停症患者每晚可能暫停呼吸數百次，最長可能中斷一分鐘。這種症狀通常不會致命，但可能導致昏厥或認知障礙，甚至肥胖或心臟病之類的身體不適。

電郵呼吸暫停症可能比睡眠呼吸暫停症還普遍。全球約有一億到三億五千萬人患有睡眠呼吸暫停症。專家估計，睡眠呼吸暫停症在美國，和心臟病、慢性憂鬱及酗酒一樣常見。然而，全球有二十億人使用電腦，占世界總人口的三分之一左右。將近二十億人擁有寬頻網路，而擁有手機的人數約有兩倍。

電郵呼吸暫停症就和睡眠呼吸暫停一樣有害健康，這樣的想法並不誇張。史東認為檢查電郵時之所以屏住呼吸，可能源自於打或逃反應。這反映出我們許多人在檢查收件匣裡的新訊息時，會感到焦慮，不曉得是不是又有屁股要擦或又有問題需要解決。和其他電子設備互動也發生類似的狀況，例如等候一則很重要的簡訊，或是幾分鐘後就要開會了，但是就在你要列印開會資料時，卻發現列表機的驅動程序需要更新。

電郵呼吸暫停症是一種慢性徵狀，可能害我們小小不快，也可能給別人帶來不快。畢竟這六十億個電子設備不僅讓我們多了一點焦慮，也連結了我們彼此，但我們幾乎沒有意識到這個問題。

電郵呼吸暫停症凸顯了我們和資訊科技之間很重要的一面，這一面卻經常為我們所忽略，那就是科技滲入我們心靈的程度。專家學者過去認為心靈和意識源自大腦的認知功能，但隨著他們對於大腦運作方式及心靈回應新科技的方式有了更多的瞭解，不少哲學家和認知科學家開始主張身體和心靈，甚至身體、心靈、工具和環境之間的界線，都變得相當模糊了。他們認為心靈存於大腦內的說法是錯的，因此提出「延伸心靈」模型，主張人的心靈是一個由大腦、身體和設備組成的系統，甚至包括社群媒體。延伸心靈理論主張，我們必須將認知或思考想成可以在這個系統內任何一處發生的活動。一個人可能將某些認知功能儲存（內化）在記憶或潛意識裡，將另外一些功能交給科技負責，或是同時運用記憶與設備解決事情。即使是閱讀這樣一個看似簡單的認知行為，也需要大量複雜的無意識處理和有意識的動作，才能統合身體、書本、眼睛和雙手，完成閱讀的行為。

人與工具的「交纏」

智人的交纏（entanglement）史源遠流長。和科技的互動改變了我們身體的運作方式，也改變了我們心靈的運作機制。交纏擴展了我們的體能與認知能力，讓我們超越身體的限制，執行工作更有效率、更輕鬆或更迅速，讓我們達到熟能生巧，在工作中渾然忘我的境界。科技擴展了我們的身體意象，擴展了我們無意識認定的身體和外物的界線。「我感覺手機好像變成了大腦的一部分。」這句話稀鬆平常，卻揭露了深刻的真理。

交纏綜合了幾個現象，有些是科學家研究的議題，有些是哲學家感興趣的概念。這些現象有其他詞彙形容，但我比較喜歡**交纏**這個詞，主要有兩個原因。哲學家安迪．克拉克和大衛．查默思用的**延伸心靈**感覺有點太正面了。延伸人的認知能力或記憶怎麼想都不是壞事，我們需要一個中性的詞彙，提醒我們人類和科技的某些緊密互動其實不像延伸，而是限制。同時，我們還必須明白再正面的延伸也會有副作用，人和資訊科技的關係不可能完全正面或負面。

此外，**交纏**這個詞還蘊含了一定的複雜度與必然性。我們很自然會將認知能力分配到大腦和各種設備上，也會使用科技來擴展身體能力。我們幾乎從一出生就開始這麼做，跟設備攪和在一起，只是自己渾然不覺。但我們**可以**選擇困在設備**之中**，就像蜘蛛網上的蒼蠅，也可以選擇和設備**交纏**，就像繩索中的一股絲線。第二種方式能創造出比個別絲線更強大的力量，至於蒼蠅的下場，我想就不用多說了。

交纏的概念聽起來或許很像變形人，很像將人類意識載入電腦的奇想。當然有許多人樂於見到人類和機器的界線消失，例如未來學家兼發明家雷伊・庫茲威爾（Ray Kurzweil）就想像機器人和人工智慧未來跟人類一樣聰明，奈米機器人能夠標出人腦的所有原子，而人類也將從單一大腦具有單一意識，演化成所有心靈散布於眾多身體、機器人和雲端之內。然而，人類**早就**在字裡行間透露他們覺得資訊科技是他們的延伸了。使用者經常表示行動設備已經成了他們的一部分，還說自己「沉迷於」網路。

這樣的說法有多普遍，從馬里蘭大學做過的兩次研究就看得出來。研究人員於二〇一〇年和一一年找了十個國家的大學生，請他們二十四小時不接觸網路和所有媒體。許多大學生說他們放下手機之後，感覺好像少了一部分自己。一名美國學生說：「手機明明不在口袋，我卻以為它在振動，不停伸手去拿，前前後後至少三十次。」另一名中國學生說：「我就是喜歡把手機拿在手裡，感覺才完整。」還有一名英國學生說：「我真的好想我的手機，每隔五分鐘就伸手摸遍身上的口袋。」另一名英國學生說：「手機不在手上的感覺真的很怪。」許多受試大學生表示他們感到禁斷症狀。一名中國學生哀號：「這二十四小時過得真是既痛苦又煎熬！」另一名中國學生說：「不是我故意誇張，但二十四小時沒有任何媒體，我簡直快得恐慌症了。」一名美國學生說：「我覺得自己像毒蟲一樣，只想嘗一點資訊的味道。」另一名美國學生說：「我覺得我需要電子『矯治』，離線感覺就像禁斷一樣。」一名英國學生更直言道：「我已經上癮了，但我需要的不是酒精、古柯鹼或讓人脫離社會常軌的墮落物……媒體就是我的毒品，少了它我就魂不守舍。」美國心理學界目前正在爭論，網路成癮（網路成癮一詞最早出現在一九九〇年代末的科學文獻中）應不應該比照酗酒列為一種病症。

從「延伸心靈」和「交纏」的角度去思考，將有助於瞭解我們和資訊科技互動不良到底是怎麼回事。當設備不再是我們工作或上課時所用的工具，而是生活所需的物品時，它們就更融入我們的生活，也更能影響我們心靈的形態及運作方式。因此只要設備出了狀況，就不僅是不便而已。我們會覺得故障的設備是我們的一部分，同時感到它不在我們的控制範圍內，感覺就像不聽話的四肢一樣。設備過多的問題不在於設備太容易讓人投入或沉迷，而在於它們的設計不良。

知道「交纏」是什麼，並瞭解它的運作方式，大大有助於我們以更深思熟慮的方式去使用電腦。當我們和設備互動時，除非知道什麼是**更好的方式**，否則永遠無法和設備建立更好的關係。「交纏」告訴我們不用害怕太過倚賴科技，因為自有歷史以來，智人就和科技密不可分。

大約兩百五十萬年前，我們的原人祖先開始使用石器。阿舍利手斧（Acheulean hand ax）是大約一百八十萬年前誕生的一種多用途工具，需要高度的磨尖技術，後來更衍生出許多款式，是我們的遠古祖先最珍貴的財產之一，持續了**一百多萬年**。我親手摸過幾把一百萬年前的手斧，邊緣還很鋒利。我們現在的科技能**延續**一百萬年已經很難想像了，更何況還要能用和有用，根本就不可思議。

人類根本不曾活在沒有工具的世界，而工具的使用也不斷隨著人類生理和認知能力的突破而演進。當我們的祖先開始製造和使用工具，他們的腦容量（尤其是前額葉）幾乎同時開始大幅成長。腦神經的增長提升了我們祖先的抽象思考能力，讓他們更善於想像如何使用物體，並且記住那些用法，教導其他同類。我們的祖先在燧石遍布的土地上發明了石器，用來狩獵或捕魚。這是人類懂得規畫未來的最早證據。

使用工具也讓我們這個物種的外在特徵隨之改變。雙足行走的能力解放了我們祖先的雙手，可以用來感受和抓取外物，不再用來爬行。這一點又進而讓他們的雙手變得更適合操弄工具。演化選擇了短手指和指甲，淘汰了掌爪。最近的研究指出，猿猴無法製造手斧和其他石器，原因是他們手腕太僵硬，手指太短。然而，這些演化上的改變同時也讓人類變得更加依賴。他們需要工具才能狩獵和打鬥，需要皮革才能保護肌膚不受粗糙的物體傷害。

過去二十萬年，人類的食肉量超過大猩猩和黑猩猩，可是我們並未像其他肉食動物一樣，演化出利齒或驚人的速度。事實上，肉類雖然成為人類的主食之一，我們的牙齒和下顎卻**變弱了**，這是為什麼？人類的牙齒並未演化出撕裂生肉的能力。天擇揀選了更能咀嚼**熟肉**的牙齒。我們使用長矛或陷阱一類的工具宰殺動物，再將肉放在火上燒烤。我們身上的毛髮比我們的靈長類近親稀疏，走路和平衡的方式也不相同，讓我們得以利用兩項遠古的科技：衣服和鞋子。

人的身體就這樣被塑造與改變。弓箭、長矛、陷阱和刀子成了我們強健的下顎與腰腿，食物也能用火來消毒與軟化。科技改變了人類的環境與飲食，而這些改變都寫進了人體的演化裡。

認知上的交纏

認知「交纏」的證據比較有限，因為考古學家握有的時間短了許多，而且認知能力改變的物質證據消失得很快。不過，有個現象可以一路追溯到一萬兩千年前，那就是精神刺激藥物的發現、提煉與使用。

天然狀態下的古柯葉和卡塔葉是輕微的興奮劑。在熟食和衣服還是新鮮發明的時代，這兩種植物可能只是幫助我們的祖先在漫長的狩獵過程中遺忘飢餓，保持警醒。隨著文明、貿易、移民和領土的發展及擴張，藥物的提煉愈來愈細緻，效力也愈來愈強。舊世界的古植物學資料（例如微化石和古代種籽）和儀式用器皿（例如碗和爐）顯示，早在公元前一萬年左右，亞洲人就已經會嚼食檳榔提振精神了。到了公元前四千年，中國開始有農人種植麻黃和大麻，而歐洲人則開始種植鴉片。兩千年後，中東和歐洲開始有人吸食尼古丁和鹼基迷幻藥。大麻隨著商隊從中國傳到中亞和印度，然後傳到非洲，而鴉片則是循著相反方向，從歐洲傳入了亞洲和近東。

美洲人的祖先經常使用「神草」和儀式來改變意識狀態。公元前一千三百年的安地斯人會用具有迷幻效果的聖佩德羅（San Pedro）仙人掌製成飲料，在儀式上使用。古柯和富含咖啡因的沙冬青早在公元五百年就有人開始種植和交易，「死亡藤蔓」艾牙胡阿斯卡（Ayahuasca）則是在亞馬遜蔚為風潮。加勒比海一帶流行一種名為「油婆」（yopo）的鼻煙，少量嗅聞會讓人興奮，大量吸入則會產生幻覺。中美洲熱帶森林密布，更是成了天然的百草園。居住在現今瓜地馬拉的馬雅人早在公元前五百年，就曾食用泰奧納拿卡提爾（teonanácatl）之類的神聖蘑菇，公元一百年前墨西哥瓦哈卡（Oaxaca）的薩滿巫師則會用蘑菇、幻河藤和皮約特（Peyote）仙人掌熬煮成汁，在儀式上飲用。

動物馴化、農業興起、聚落發展和複雜社會的形成也促成了一些交纏。遠距離貿易和幅員遼闊的政治實體出現，人們開始需要可靠的溝通及記錄方式，因而促成了亞洲、中美洲和近東的人類發展出文字，開始書寫。書寫不僅讓人類的社會結構變得前所未有的複雜，也大大影響了人類的心靈。美國史學家沃特・歐恩（Walter Ong）說過一句令人印象深刻的話：「書寫重新塑造了思想。」誠哉斯言。

閱讀將大腦原本各自演化、各有目的的區域統合起來，應付認字和解讀文句的挑戰。書寫將想法外在化，讓人用全新的方式將概念抽象化並分析，這是沒有文字的人類社會做不到的。例如希臘就是先有文字在城市和殖民地（現今土耳其）流傳，哲學及科學才開始大步躍進。文字有助於統整更多資料，發展更長、更細緻的論證。書寫讓人能在心裡退一步看，檢視作者如何建構論證，分析其中的修辭與邏輯。自此之後，書寫不僅改變了人類的認知能力，就連口語也留下了它的烙印。

交纏的極致：人機合一

人類和科技互動深刻的證據，最早可以在古代文明裡找到。持有設備的人不只知道設備價值非凡，更明白擁有和善用設備可以轉變一個人。換句話說，這是一種有意識的、自知的交纏。公元前一千四百年到一千一百年活躍於地中海的邁錫尼人（Mycenaean）是最好的例子。他們的喪葬儀式顯示劍被視為人的延伸。在牛津大學擔任講師的認知考古學先驅蘭布洛斯・馬拉弗里斯（Lambros Malafouris）表示，邁錫尼戰士不是人**用**劍，而是「人劍合一」成為一體。長矛和更早的弓箭可以由獵人或戰士自己製作，但一把好劍只能由高超的鐵匠鍛造，而且往往雕飾華麗，價格驚人。難怪所有古代文明不管差異多大，全都認為劍有靈魂與生命，從希臘到日本無一例外。邁錫尼人對劍百般呵護，人死了劍會陪葬，顯示他們認為劍和戰士擁有獨特而深刻的連結，關係比獵人擁有斧頭或弓箭還要深刻，更有象徵意義。

因此，交纏並非全新的發明，也不是劃時代的現象，而是人類的本質，塑造了我們對自己、對身體和心靈的認知。事實上，人類在演化上的成功——在一個充滿大型掠食者的世界存活下來，勝過我們的尼安德塔人和克羅馬儂人親戚，在四萬年前遍及地球各個角落——正有賴於交纏，而它的重要性到現在都不曾減弱。

讓我們來看一個簡單的例子，從交纏對人體和生理的作用談起。這個例子就是科技對身體意象的影響。嚴格說來，這個作用**不完全是**生理的，因為生理交纏和認知交纏並沒有明確的界線。改變身體的交纏也會影響大腦和心靈，而專為改變認知能力的交纏也常會對身體發生作用。身體意象是一個人心理對身體的感知，包括自己的手腳伸得多遠、身體所在的空間位置和占據多少空間等等。身體意象很重要，它能幫助我們在複雜的世界裡活動自如。想伸手拿到杯子，你需要知道自己的手臂有多長，手指能張得多開，下樓則需要知道自己的腳可以伸得多遠而不至於失去平衡。

身體意象是浮動的。當伊多亞的大腦將那些由機械控制的功能從「工具」轉為身體機能的一部分時，機械手臂在牠心中就成為牠的手腳，納入牠的身體意象之中。只要操作工具嫻熟到一個程度，就會感覺它變成身體的延伸，完全無需大腦移植之類的高科技手術從旁協助。

就拿盲人和拐杖的例子（許多哲學家很喜歡這個例子）來說吧。盲人拿著拐杖坐定時，他可以估量拐杖的長度、重量和彈性等等，完全將它視為身外之物。但只要起身開始行走，他對於拐杖的知覺就會消失，一顆心完全專注於拐杖和前方空間互動所提供的訊息，感覺就像他能碰到前方幾呎的東西一樣。他會將拐杖視為自己雙手的延伸，好像真的摸得到似的「摸索」前面的路。這樣的意象轉換有時非常快。對猴子而言，使用耙子或抓取器（就是一隻機械手套在一根棍子前面）去搆食物時，身體意象只要幾分鐘就會轉換了。

動作需要精確的身體意象和一定的可變性，科技就是從這裡找到切入口，成為我們身體的一部分。無論個體或族群，人類的生存都大量仰賴使用工具，因此我們會發展出將科技納入身體意象的能力，也就不足為奇了。這麼做能夠讓我們有效學會熟練地使用科技，直到渾然不覺工具的存在，完全專注於科技所給出的訊息，讓我們瞭解外在世界和該工具對世界的影響。

有些身體意象的延伸就不是那麼有用了。手機振動錯覺就是一例。我們有時會覺得手機或呼叫器在振動，其實沒有。一項針對波士頓醫療人員的調查顯示，三分之二的受訪者有過手機振動錯覺——心理學家大衛·拉拉米（David Laramie）稱之為「鈴聲幻聽」。經常將手機放在襯衫或褲子口袋裡的人最常出現這種錯覺，因為胸口和大腿神經密度極高。

為什麼會有這種錯覺？科學家認為當人習慣手機貼著身體振動，身體就會開始將衣服摩擦、身體撞到家具、甚至輕微的肌肉抽搐誤判為手機在響。神經心理學專家威廉·巴爾（William Barr）說，對手機重度使用者而言，手機似乎已經「納入身體的神經基質內。只要大量使用手機，它就會成為我們的一部分」。尤其當你不敢錯過電話時，效果更明顯。在針對波士頓醫院的研究中，學生和住院醫師經常檢視手機和呼叫器，因此比資深醫師更常出現手機振動錯覺。對醫學院學生來說，偽陽性（誤以為手機響了）的代價遠低於偽陰性（沒有發現手機響了），因為就如一名資深醫師說的，醫學院學生要是沒接到電話「就死定了」，因此他們的神經系統內化了這一點，結果就是更常出現手機振動錯覺。

接受二〇一〇年馬里蘭大學實驗的大學生，他們在離線二十四小時期間，普遍遭遇了鈴聲幻聽。一名學生說：「我真的感覺心理受到了影響，例如我誤以為手機在響，其實沒有。」另一名學生坦承道：「鈴聲錯覺還滿困擾的，因為它強化了我對手機的依賴。」二〇〇〇年代末在伊拉克和加州兩地進行的手機用戶調查顯示，七成的人有過手機振動錯覺，表示全球可能有**三十億人**有過誤以為手機在響的經驗，而且數字可能持續攀升。二〇一二年一項針對美國大學生的研究顯示，八九％的受訪者說，他們每兩週就會遇到一次振動錯覺。

一個人和機器或儀器互動緊密而熟練之後，不管是水彩筆、機車或劍，往往會覺得設備不再是用的東西，而是身體的延伸，有如他和外在世界互動的另一種感官。這樣的感覺並不罕見。

我們往往意識或察覺不到交纏的發生，卻感覺得到自己的能力、空間感、身體界線、甚至自我意識，在使用科技時得到延伸或加強。

彈奏樂器就是如此。我們起初會笨拙地摸索琴弦、活塞及和弦的位置，然而就如某位爵士樂手說的，樂器終究會「徹底變成我們的延伸」。另一位音樂家形容專精一種樂器，就像獲得「一種新的、動人的、可以攜帶的聲音」。當我們需要正式訓練或刻意練習才能達到這種效果時，就會更意識到交纏的存在。飛機駕駛兼軍事史學家湯尼·克恩（Tony Kern）曾寫道，飛行員必須「熟悉、理解和信任飛機」，並且擁有「讓飛機成為自己身體一部分的渴望，希望將人和機器合而為一」。面對科技，練習讓我們熟能生巧，為更深入的技巧打下基礎，最後愈來愈感覺不到設備的存在，只察覺自己的能力增強。

還有一種時候，我們也會更加意識到交纏的存在，就是新科技讓我們超越一般人體極限的時候。十九世紀對於單車的描述就是一個例子。一八六九年，一名佚名作者寫道，單車「唯有在人擁有操作它、使它成為身體一部分的智慧後，才會開始發揮功用。坐在座墊上，你會感到個人的意志延伸了。單車不再是你使用的某種器具或輔助，而是成為你的一部分」。三十年後，另一位作者寫道，單車是「你的延伸。坐在其他交通工具上你會害怕，但騎著單車，你是憑著自己的意志和力量在移動」。一位同年代的機車騎士寫道：「當你往前飛馳，你不再感覺到兩樣東西（你和機器），只剩一個個體。你的血肉和金屬融合為一，完美和諧，恣意在空間中馳騁。」單車可能是第一個被人類如此形容的器具，它的發明是賽博格史上空前的里程碑。

當你感覺「人機合一」和單純的你很不一樣，卻還是「你」的時候，就會強烈感到這種延伸。你不再是之前的你，而是一個新版的自己，能夠展現之前無法展現的能力。喬治亞・歐基芙（Georgia O'Keeffe）有一句廣受引用的名言：「我能用顏色和圖形表達我用其他方法無法表達的事物。」許多畫家聽到這句話一定深有同感。音樂家和藝術家常說，他們有些事無法用語言描述，卻能用音符或在畫布上表達。這種轉變不侷限於藝術家，汽車駕駛和戰鬥機飛行員也常說自己「成了那美麗機器的一部分，超越了人體的限制」，以自已無法達到的速度和力量前進。

當交纏發揮到極致時，人和設備的隔閡感就會消失。兩者互動完美無瑕，再也無法區分人與機器的界線。禪的藝術大師幾百年來一直提到這種狀態。德國哲學家奧根・海瑞格（Eugen Herrigel）談到自己修習弓道的體驗，他說：「學徒到最後再也分不出射箭是由心或手完成的。」海瑞格在日本修習弓道數年後，說：「弓、箭、標靶和自我全部融合為一，再也無法區分。」二十世紀初的單車迷和機車迷對於騎乘機車和單車也有同樣的描述。一九〇九年，一名機車騎士嘆道：「狀態完美時，那種感覺真是難以形容……你成為機器的一部分，機器成為，呃，你的一部分。」另一名單車騎士於一九〇四年說：「騎車最大的樂趣實在很難形容，你和單車合而為一……你感覺此刻的快感一定和老鷹飛翔一樣，充滿詩意與動感，完全忘了目的地、速率和肌肉的伸展，和飛翔的歡喜融為一體。」對現代人來說，這段描述聽起來非常耳熟，而描述中的全神貫注、失去自我和時間的扭曲，完全符合匈牙利心理學家米哈伊・齊克森米哈伊（Mihaly Csikszentimihalyi）對「心流」（flow）的定義。將覺知和身體意象跟設備（無論是手斧、小提琴或戰鬥機）合而為一的能力，會為身體帶來豐碩的回報。

人機合一的感覺不是只有坐在戰鬥機裡才會感覺得到。程式設計師愛倫・伍曼（Ellen Ullman）就體驗過「親近機器」的感覺，硬體、設計師的心靈和程式碼協同一致，美麗又令人振奮。伍曼寫道，那感受從窺見一個難題的解答開始，霎時「人和機器似乎同步了，和鑽石一樣優雅。我曾經吸過一次安非他命，只有那種感覺勉強比得上程式啟動瞬間的快感。沒錯，我懂了。沒錯，的確做得到。沒錯，就是這麼簡單。沒錯，我**看到了**」。程式設計師無法光憑大腦解決問題，解決方案原則上很清楚，但寫出好的程式碼非常困難。看到一個優雅的解答和製造一個可用的產品不同。伍曼說，從一個概念跳躍到一個可以執行的程式碼，「程式設計師別無選擇，只能退到某個私密的內在，一個可以成事的地方。」

認知卸載

講到完全投入的程式設計師，一般印象就是某人對著鍵盤敲打程式碼。和鍵盤連結能激發設計師，讓他們想到其他方式無法觸及的構想，而某些潛在或專業的知識唯有透過鍵盤才能表達。數學家用黑板計算高度複雜的定理，不是因為黑板方便好用，而是黑板大大延長了他們的短期記憶，幫助他們將解答的過程具象化，讓錯誤凸顯出來。解題不是只發生在數學家的大腦裡，也不是只發生在黑板上，而是發生在兩者共同構成的認知系統內。同樣的道理，我認為程式設計師「親近機器」得到的構想，不是只源自他們的大腦，而是分散在腦、手和鍵盤之間。

我會這麼認為是因為我也有「分散認知」的經驗，那就是用手拼字。我小時候學過觸覺打字，經過幾年的訓練和幾十年的打字經驗，我可以閉上眼睛每分鐘打出七十個英文字。就像閱讀高手一眼就能認出整個字而非字母，我打字憑的是一個字拼對時的手指觸感。我知道打出一串字母時手指應該如何移動，雙手又該如何傾斜。只要打錯，我會立刻察覺那個模式中斷了。我不一定每次都能光憑觸覺找出打錯的字，必須睜開眼睛看螢幕才行，但我幾乎都能確定自己拼錯了。

由於我對鍵盤如此熟稔，當我的小孩問我一個很長的字怎麼拼時，我不是在腦中浮現那個字，然後念出每個字母，而是看我的手指在想像的鍵盤上如何移動，然後拼出字來。有些複雜的單字或名字，我無法每次都用筆或觸控鍵盤（我經過數十年訓練的認知和肌肉記憶完全派不上用場）拼出來，卻可以用全尺寸鍵盤正確地打出來。

和其他認知卸載（cognitive offloading）一樣，手動式的編碼記憶也有其代價。靠路標認路的人比記憶街名的人更難向別人報路。最明顯的缺點就是這種天分無法普遍化。只要鍵盤的標點按鍵換了位置，我的打字速度就會大幅降低。我每次使用英式鍵盤就會重新體驗到這一點，因為英式鍵盤的非字母鍵都在我不熟悉的位置。換成法文或日文鍵盤，有更多鍵的位置不一樣，使我更加束手無策。手機的小鍵盤則是介於中間：我雖然可以慢慢重建拼字的模式，卻無法完全仰賴肌肉記憶（如手腕的傾斜度或手指的開合度），立刻察覺自己拼錯了字。用手拼字的好處是讓我打字非常快，最強時甚至可以跟上思考的速度。

我不是唯一倚賴動作記住東西的人。許多人都是靠想像手指敲打鍵盤的動作來回憶電話號碼或密碼，而不是記下一連串數字。這一點在轉盤電話的時代很難做到，但用按鍵電話則是輕而易舉。我們已經時常以手代步（譯註：只要翻閱電話簿就能找到商家，不必親自出門），現在更是以手代腦，由手來記事情。手動記憶最驚人的實例是牛津大學出版社的一名揀字工人。他在他負責揀字的希臘文書裡發現了一個錯誤。他告訴那本書的編輯，他看不懂希臘文，也不會說希臘語，但幾十年來都在幫希臘文書揀字，反反覆覆從活版盤中取出活字，排列在版框裡，他知道自己從來沒有按照那個順序排過一個希臘字，因此覺得就是不對勁。結果他是對的。

卸載不只發生在動作認知活動中，我們其實常將記憶的工作外包給科技、環境和其他人。

多年來，我總是隨身帶著一本默思金（Moleskine）記事本。我開始這麼做已經是二十多年前的事了，當時我還在念研究所。在那之前，我斷斷續續寫過日記，但論文寫了幾個月之後，我開始頻頻出現既視感。我常常在圖書館花了一個小時找資料，卻一直覺得自己好像兩週前就查過這個問題。為了有效掌握自己的進度，我開始像歷史學家一樣撰寫實驗筆記。

如今，我的小記事本就像一本意識流日誌，記載著我的每一天。例如其中兩頁寫著**沉思**這個詞的拉丁文字源、一則關於適地性待辦事項系統原型的參考資料、我需要訪問的人員名單、購物清單、劍橋某家餐廳的地圖、在那家餐廳和認知考古學家柯林．倫弗瑞（Colin Renfrew）的午餐談話摘記、從泰特（Tate）博物館一場展覽中抄來的威廉．布雷克（William Blake）名言，還有（不知道為什麼）我兒子的社會安全號碼。

那本小記事本還有一些其他紀錄及工具：用膠帶貼著的票根、我上次參加會議拿到的名片、幾張郵票、從口袋拿出來的名片，還有封面內頁的便利貼。封底內頁是一張倫敦地鐵路線圖，讓我在英國的時候，能在全球最大的地鐵系統裡穿梭自如，在美國的時候想念倫敦。

幾個月來，小記事本因為一直放在我的褲子口袋裡而微微變彎了，再過兩個月不是被我寫完，就是不堪我的虐待而決定自殺。它顯然是我日常生活的一部分，但它只是個工具嗎？哲學家安迪．克拉克和大衛．查默思會說不是，它是我們心靈的延伸。將購物清單記在心裡或寫在隨身攜帶的記事本上，其實沒有差別。用兩人有點恐怖的講法來說，就是對記憶和認知而言，「腦袋瓜子並沒有比較了不起」，重點是訊息（或取得訊息的過程）是否容易取得，而且可靠。他們提到奧托（Otto）的例子。奧托是一名罹患阿茲海默症的老人，他把許多事情寫在記事本裡隨身帶著，因為記事本帶給他「高度的信任，非常可靠又好取得」，所以奧托和記事本彼此交纏。

不管我們有沒有察覺，我們隨時都在決定該如何記住事情。我們時常混用幾種方式記住一段文字或一段話。古羅馬的演說家發明了驚人的細緻手法背誦長篇講稿，包括為演說要點建構細緻的視覺提示，然後在想像的空間中排列組合。回憶講稿就像在心中行走，讓之前想像的物體提示講稿的內容。這麼做聽起來好像比直接記住講稿還難，但其實比單純的背誦更能給予演說家發揮的空間。演員表演一場戲可能需要記住幾千句台詞，因此他們常借助多種的外在暗示，例如舞台上的定位、站立的姿勢或動作等等，來幫助他們記住台詞及熟悉其他演員的台詞，以便在舞台上展現令人信服的演出。

瞭解這點之後，哥倫比亞大學教授貝西・史派羅（Betsy Sparrow）的發現就不足為奇了。她發現學生會依據考試時能否使用網路，而採取不同的記憶策略來準備考試。考試時無法使用網路的學生，會直接用背的，能使用網路的學生，則會記下到哪裡及如何尋找資料，而不是將資料背下來。史派羅的研究團隊指出，網路已經成為我們「交換記憶」（transactive memory）的一部分。有些記憶貯存由我們直接保有，有些則放在其他可取得的地方（如網路），這就叫交換記憶。

史派羅的發現代表學生變笨了嗎？在某些人眼中，答案是肯定的。英國的《衛報》（*Guardian*）就用〈記憶力變差？怪谷歌吧〉（Poor Memory? Blame Google）為標題，報導史派羅的實驗。另一個網站則以〈谷歌正在侵蝕我們的記憶力〉（Google Is Gradually Killing Our Memory Power）為題，並暗示「如果想保持心智敏銳」，就不該倚賴搜尋引擎。

但是這個說法本身就很愚蠢。首先，史派羅實驗中的學生回答的是瑣碎的問題和事實陳述，而非卸載我們認為人之所以為人的記憶，那種普魯斯特式的回憶。換句話說，不是被某一張老相片或熟悉的味道所喚起的回憶，不是頭一回抱著自己的孩子那不可取代的回憶，也不是人生重大事件（例如大雨滂沱中，瑞克坐在駛離巴黎的火車上展讀艾爾莎寫給他的道別信）的回憶。其次，交換記憶並不包含訊息本身，而是如何**找到**訊息的知識。我們經常使用交換記憶，而且有時效率驚人。事實上，我們根本活在一個交換記憶誘發因子爆炸的世界裡。這些誘發因子就叫作「標誌」。我們在樓房牆上、街頭轉角、包裝上、標籤上和無數地方掛了標誌。我們早就將訊息「嵌入」在世界裡。

許多嵌入訊息都是限定地點的。我家的冰箱隨時有一些家人愛吃的冷凍食品可以放入烤箱加熱。雖然我經常熱來吃，卻很少記得每樣食品要將烤箱設到幾度、烤多久。不是我記不住；我很喜歡烹飪，雖然會做的菜有限，但手藝不錯。是我根本沒有去記陳皮雞要用攝氏兩百度烤二十分鐘，而法式鹹派要用攝氏一百九十度烤十八分鐘。因為我知道包裝盒上一定有說明，而我只在拿出冷凍食品要吃的時候，才需要那些資訊。

我們也經常利用別人來存放交換記憶。當你遇到事情轉頭去問同事，而非查詢公司的內部網路，當你靠你女兒記住她和她朋友正在讀的吸血鬼系列小說續集的書名，當你靠先生或太太記住你的班機資料，因為你知道他（或她）最在意這種事情時，你都是在使用交換記憶。此外，某些場所的構造和格局正是利用空間來組織訊息的巨型工具，還有某些場所則是將格局和訊息流連結在一起。這兩種地方都有名字，那就是圖書館和辦公室。

和多種科技互動的閱讀行為

科技可以是心靈的延伸，這個概念可能還是有一點抽象。你可能會想，設備要如何讓日常的認知活動變得輕鬆？

讓我們來看看你現在正在做的事：閱讀。閱讀是我們熟悉的活動，也是複雜的多層面行為。一旦將閱讀行為拆解開來，就能更清楚看到我們多年練習養成的認知功能，還有刻意學習與應用的閱讀技巧，以及書本和印刷紙頁的物理性質是如何攜手合作，共同完成閱讀這件事。拆開之後，我們發現閱讀其實是一群活動與程序的驚人組合，包含了有意識和無意識的活動，以及內化與卸載的程序。這些活動和過程統合為一，創造出流暢無瑕的閱讀經驗。

首先，觀察一件非常基本的事：你在閱讀字母。

你認得每一個字母，每個字母連結到一個聲音（這稱為語音覺識），而你知道這些聲音如何建構成一個單字。

但你不是有意識地將字母和發音串在一起。多年鍛鍊下來，你已經很習於自動將字母成堆拼接成單字，因為你大腦有特定的部位（左腦的顳頂區、枕顳區和左額下迴，又稱為布洛卡區〔Broca's area〕）專門負責處理語音。大腦的功能性磁振造影研究顯示，人在學習閱讀時，專司字母辨識的顳頂區運作最頻繁，而當概念導向的枕顳區變得比較活躍時，閱讀行為就變得更快、更流暢。默讀或遇到新字時，左額下迴變得較為活躍，因為拆解新字通常需要把字念出來。

你知道自己在讀字和句子，卻沒意識到你眼睛不是平均掃過字母和間隔，而是停頓在一組一組字母上，每次五分之一秒左右，無意識地進行這種時停時進的掃描動作。你的視覺系統學會這種動作，而你的大腦在你還很年輕的時候，學會接收這一組組框架，然後轉換成流暢的視覺影像。

因此，認字活動雖然流暢自然，卻不是與生俱來的能力，而是長年累積習得的行為，從有意識變成無意識的動作。用延伸心靈論的術語來說，認字被外包為自主行為。

還有一樣東西讓看字和認字變得容易一些，那就是字和字之間有距離。

你從小就沒注意到字距？你應該注意才對。不可思議的是，以前曾經有人認為字距是不必要的，是為了閱讀能力貧弱的人的讓步。對古羅馬的演說家而言，文字要大聲朗誦出來，而非用來默默閱讀，只有半識字的人才需要字距作為輔助，來解讀好的拉丁文。面對一長串沒有間距的字母，從中逐一認出單字是很難的。這就是字母矩陣拼字遊戲好玩的地方。中世紀時期，字距主要用來幫助拉丁文不好的鄉下改宗者閱讀聖經，以及協助學者閱讀新近翻譯的阿拉伯科學與哲學典籍。對閱讀新手而言，字距讓新的語言更容易理解。對閱讀老手來說，字距能加快閱讀速度，大幅降低大聲朗讀的需要。閱讀開始成為安靜沉思的活動，不再像演說，變得更像思考。

現在，讓我們回頭再看字母。字母可能帶有一點曲線，而字母之間的空隙可能只有些微的差距。這些細線稱為襯線，目的在讓字母好讀。不過，自從梵蒂岡印刷商尼可拉·顏森（Nicholas Jensen）率先採用襯線以來，即使過了五百年，專業印刷商對襯線的實用性與美學價值還是爭論不休。字母間距不固定，是因為不同的字母前後需要不同大小的間隔才會好看。除了少數幾個著名的例外，絕大多數書籍和雜誌使用的字體及字形都是以易讀為設計的第一優先。

印刷通常採用黑字印在純白或米白色的紙上。除此之外，關於字母你還注意到什麼？有些字母比其他字母大，尤其是句子開頭或姓名第一個字母。夾在字母之間還有標點符號，如逗號和分號，在你默讀時提供提示，讓你正確閱讀一個句子，知道何時停頓，哪裡是重點，哪裡只是附帶一提。

現在環顧你在讀的這一頁，留意隔開文字和紙張邊緣的空白。這些留白讓你的眼睛更容易掃視文句、確定位置，同時讓你有地方做註記或摘要。許多書還有逐頁標題（書眉），就是位於每頁頁首的小字，目的在提供訊息，例如書名或本章標題等等。每一頁還有頁碼。開頭幾頁用羅馬數字，其餘則用阿拉伯數字。說它是阿拉伯數字其實不對，因為是印度數學家發明的。不過，西方人是透過阿拉伯科學典籍發現這套數字系統的，所以稱之為阿拉伯數字。

翻閱本書，你會見到其他有組織的內容。書首有目錄，告訴你每一章的起點（這要歸功於頁碼）。書末有索引，告訴你各個主題出現在書中的哪一處（這還是要歸功於頁碼）。

這些特點都很熟悉，你也很習慣在書裡見到它們。在這本書裡，它們可能直到現在才引起你的注意。這些結構元素，愛書人稱之為**準文本**（paratext）。副標題、圖說和註腳也歸於此類。絕大多數的準文本已經存在於書裡幾百年之久。字距和標點出現於中世紀，現代印刷起源於文藝復興時期，當時被視為一種藝術，印刷商使用獨特的字體和式樣製作書籍，以吸引修士和學者之外的讀者。

許多這些準文本小讀者是看不到的，例如《拍拍兔寶寶》（*Pat the Bunny*）就沒有分章。準文本是為了比幼兒閱讀更複雜、更精細、更多變的閱讀而放入的。閱讀純文學小說需要發揮想像力，還要能設身處地，發揮情感與感同身受的能力。在大學哲學課上，我們學到，閱讀代表找出作者的論證，評估作者提出的證據，並留意作者的修辭巧計。在這點上，我們都活在莫提默・艾德勒（Mortimer Adler）的陰影下。他的經典之作《如何閱讀一本書》（*How to Read a Book*）將深入閱讀分為兩種：分析式和主題式閱讀。

專業閱讀焦點更集中，也更投機。研究所時代，我和同學學會只看書中的主要論點，瞭解這本書在學術界的地位和重要性。我們學會用一種新的方式看待書，這個方式隨後建構了我們思考自己研究的角度。「閱讀」被窄化為只專注分析其中幾頁，其餘部分匆匆看過，有時還包括閱讀該書的相關評論或作者的早期著作。律師學會為案件而讀書。法官和資深律師閱讀意見書的速度遠快於大一新生，因為他們更善於利用文章的格式特點、註腳和關鍵字，來把握作者的推論和判例詮釋。他們一眼就能抓到判決的新穎或爭議之處，並迅速評估某個判決的可能後果。

這兩種閱讀方式不光是為了消化巨量訊息，還會導引學術或專業的取向，甚至能界定學者或律師的條件。但這些複雜的認知活動——掌握論證理路、欣賞作者對語言的駕馭、發掘文中的意外之處、詮釋判決的含義——都有賴於我們童年時養成、近乎本能的基礎能力。誠如瑪莉安・沃夫（Maryanne Wolf）所言，閱讀是一瞬間的動作，也是一甲子的工夫。閱讀的神經機制變得快如閃電，閱讀的文化和詮釋因子的發展卻緩慢許多。

既然字母、單字、字距、標點、字體、排印和準文本這麼普遍，又何必花時間留意？因為這些東西雖然讓人幾乎感覺不到它們的存在，卻能幫助你發揮驚人的認知、認知外包和理解能力。字母、字距和標點幫助你迅速流暢地閱覽及解讀單字。你的目光迅速掃過一組組字母，大腦的視覺處理中心將片段的視覺與料轉化成流暢的閱讀經驗，附近的另一部分大腦則負責認字。章節標題、頁碼和註腳讓你一目瞭然自己的閱讀進度，提醒你哪裡必須留意，告訴你哪些是主要內容、哪些是旁枝末節。然而，這一切都發生在你的意識雷達之下。你的意識雷達專注於思考句子的意義，將前幾句放在短期記憶裡，思考段落結構，以及這一節的論證推展和含義。特定事實或某些措辭等等的論證片段開始匯入長期記憶中。你可能會畫線或做筆記和記錄，方便你之後重看或引用，甚至幫助你更深入消化書裡的論證。

總之，閱讀時，你一直在和多種科技互動，從字母、留白到章節都是，橫跨了多個層次，並且無意識地不停動用各種技能，全自動運轉。這幫助你面對冗長、細緻的論證而不至於迷失，讓你從有趣、但不重要的枝節裡挑出要點來，幫助你將閱讀變成意義與記憶。

最後，我們閱讀時不只會利用書裡的輔助，還會加上自己的工具。許多人會在書上畫線或頁邊做註記。每次開始看一本必須細讀的書之前，我都會在封面內塞便利貼，並且準備一枝筆，邊讀邊大量畫線、做註釋和寫筆記。將閱讀視為一種功夫，讓我更能融入書裡的論證，記住其中的曲折與機巧，掌握作者的策略或詭計，明白自己對這本書真正的看法。

其他技巧就比較隨性了。書讀到一半必須放下時，你常將記住自己讀到哪裡的任務外包給一樣東西，那就是書籤。書籤本身沒有記憶體，但你根據它的位置就知道你之前讀到**這裡**。你無須記得自己讀到哪一頁（頁碼又出現了）或再次拿起書時該翻到哪一章（不過，如果我和兒子一起看書，他通常會記得前一章發生的事情）。如果書籤是書店的收據、火車票根或演唱會票根，那它還可能讓你連結到其他事情。這些作法不一定目的相同。我看書做筆記是為了幫助我記得書中的論證，但我不會用書籤來協助我記住頁碼。

唯有出了差錯，閱讀過程的精妙複雜才會凸顯出來。有些人很難將認字轉變為全自動行為。有讀寫障礙的兒童拙於辨認字母的順序，以致很難將書上的字和他們平常說話使用的詞彙連結起來。讀寫障礙似乎有神經方面的病源。研究顯示讀寫障礙者閱讀時，大腦的顳頂葉和枕顳葉比一般人不活躍。不過，這不表示這些大腦區域會永遠如此。某些閱讀活動會讓讀寫障礙兒童的顳頂葉和枕顳葉變得較為活躍。我兒子有讀寫障礙，我們第一次幫他測驗時，發現他的口語和推理能力高得驚人，正式的閱讀能力卻遠低於標準。但經過幾年指導之後，他左腦額下葉區已經逐漸趕上，他的閱讀能力也愈來愈接近同儕。神經可塑性和不屈不撓真是好東西。

到了成年，就算再有能力的讀者也有不得不回到基本功的時候。例如遇到一個不熟悉的長字，你可能會將它按音節拆開，試著念念看。學習新語言時，我們會重新遭遇不知道如何發音和猜不出字意的困難，還有重新體會一眼就認出字來是多麼珍貴的一件事，以及這樣通常渾然不覺的行為有時有多費力。

事實上，識字的大腦只要讀到字母就**一定會**設法將它們轉成字，這一點可能在你造訪語言陌生、但字母相近的國家時為你帶來問題。從小講英文的我從來沒有遇過比芬蘭西部的標誌更讓我困惑的東西。那裡的標誌同時用芬蘭文和瑞典文兩種語言標示，我都不會說。但跟德文或拉丁語系不同，芬蘭文和英文完全是兩回事，不像德文跟英文有許多共同的字根，也不像拉丁語系借了大量外來字給英文，因此我根本有看沒有懂。

然而，當我造訪韓國或日本時，滿街的霓虹燈大字對我的閱讀大腦來說，卻一點問題也沒有，因為我看不懂漢語或漢字。但我的罪惡感倒是升高了一級，因為我想到我奶奶見到我對祖先的文化這麼無能理解，一定會痛心疾首。

不過，大多數時候，我們閱讀時只會感到一種綜合了複雜與嫻熟的流暢。英國語言學家理查茲（I. A. Richards）曾經寫道：「書是思考用的機器。」他也許不曉得，但他這話非常接近事實。閱讀是一種交纏，是日常生活中人和科技輕鬆融合、延伸心靈的最好例子。一本書包含了許多層面的認知交纏、內容與準文本，導引著讀者的注意力，暗示哪裡是焦點和邊緣，吸引我們投入或卸載。閱讀不是對書裡的所有元素一視同仁，而是只聚焦於某些部分，其餘的不是仰賴設備幫我們記住，就是完全交給設備去負責。這些閱讀科技就像眼鏡一樣隱而不顯，你不再察覺它們的存在，因為你透過它們來看世界。

創造心流

閱讀讓我們知道，熟悉科技到它成為我們的一部分，駕馭自如，感覺它擴展了我們身體、認知和創造的能力，這樣的經驗可以是多麼愉悅。當你開車或騎車，感覺車好像成為你身體的延伸，透過它讓你和道路連結在一起時，你有的便是這樣的感受。當你運動或打電動，感覺球拍或控制器成為你手的一部分，讓你瞬間回應新的挑戰、覺得困難卻有把握時，你得到的也是同樣的感覺。當你攀岩或爬山感覺身心完全融於當下，身體緊繃卻不怕墜落，而是覺得自己將衝破過去的極限時，你有的還是這樣的感覺。

這樣的狀態，就是米哈伊．齊克森米哈伊所謂的心流。齊克森米哈伊指出心流有四個成分：「高度的專注力讓我們不再有多餘的心思顧及無關的事物。自我意識消失，時間感扭曲。帶來這種體驗的活動可以給人莫大的滿足，讓人願意為了它而做，不在乎能從中得到什麼，就算困難或危險也照做不誤。」

幾乎任何事情都能創造心流。齊克森米哈伊研究心流長達數十年，他和共事者訪問和調查了數千人，各種國籍、年齡和職業都有。齊克森米哈伊在接受我用史蓋普視訊訪談時說：「我們發現有些人整天切鮭魚，供別人做貝果夾燻鮭魚，但他們對工作的創意與投入完全不下於雕刻家或科學家。」他坐在洛杉磯郊區克萊蒙特大學杜拉克管理學院的研究室裡，說話時偶爾會閉上眼睛斟酌字句。他背後是一大疊書，跟許許多多的獎狀與書封一起占滿整個牆面。

切魚工人要怎麼創造心流？「他們說：『每隻魚都是不一樣的：我通常一天要處理五、六隻鮭魚。每當我拿起一隻魚放在大理石台上，眼睛就會像X光一樣掃描牠，幫魚的內部建立３Ｄ圖像。』接下來，他們就能用最小的力氣將魚剖開，切出最細、最薄的薄片，在魚骨上留下最少的肉屑。」切魚變成了一種遊戲：用最少的刀工和力氣切出最多的鮭魚薄片。

具有挑戰性、規則明確，而且有立即回饋的情境經常能產生心流。這就是為什麼遊戲（不管是桌遊、下棋或電玩）那麼有吸引力，因為玩家很快就能進入心流狀態。例如簡單的電玩遊戲，齊克森米哈伊說：「螢幕上會出現異形，你必須射擊它們。這種活動需要靈活的手指和迅速反應的能力。」員工可以自行設定短期目標的工作，充分專注，好進入心流狀態，例如轉動這三組輪胎、寫五頁報告、將貨物放到船上並能保持船身平衡等等。而自行設定目標也有助於員工感覺獨立。事實上，找出這類目標並設定在有難度、但可以達成的程度，這件事本身就是一項技術，顯示一個人的真功夫。

簡單就能駕馭的遊戲或任務，可能比困難的工作更容易創造心流，卻沒辦法讓人專注太久。相對地，繪畫或行醫之類的活動或許要多年鍛鍊才能嫻熟，卻可能帶來長期的挑戰，讓人終生沉浸其中。電玩遊戲「吉他英雄」玩起來不困難，也很有樂趣，但幾百小時之後就沒有挑戰性了。換成真吉他，就算玩了幾十年依然有新歌和新曲風可學，有新的方式可以表達自我。「挑戰難度高時，我們會從低階技巧開始，但只要琢磨精進，就可以進入心流狀態。」齊克森米哈伊向我解釋：「例如西洋棋或橋牌之類的高複雜度遊戲，你可能需要很多年才能窮盡所有的挑戰。但心流更罕見，因為很難達到。」

齊克森米哈伊和其他正向心理學（簡單說就是幸福科學）的專家發現，人在全神貫注於困難任務時的幸福感最強，而不是耽於逸樂的時候。「人一生中最美好的時刻，不是被動接受愉悅與放鬆的時候，」齊克森米哈伊寫道：「而是主動將身心逼到極限，以便完成艱巨卻值得的事情的時候。」挑戰、興奮、值得並充滿回報的難題，以及強烈感受到這三者，這些才是心流的要素，而心流則是幸福的鎖鑰。強烈的心流經驗能讓人認識真正的自己。「當你全神貫注到發現自己是誰、完成了什麼跟想做什麼，」齊克森米哈伊告訴我：「你就完成了你在這個世界上的任務，你就會喜歡自己和自己做的事。」

專注力（也就是控制意識內容的能力）是美好生活的關鍵。這就是為什麼時常分心會是大問題。當你經常被外在事物打斷，例如電話、簡訊、小孩或「只是想請教你一下」的客戶，當你自己打斷自己或努力想一心多用，同時處理許多事情而頻頻分心時，你對生活的掌握感就會減弱。分心不僅讓思緒脫軌，還會讓你失去自己。

尋找好的交纏

當交纏運作順利，它能讓你熟用科技，甚至毫不費力。當它發揮到極致，你將感到莫大的愉悅，想像與創造力大大擴展，生命充滿了深度與意義。正是因為如此，不好的交纏才會那麼難受，分心才會那麼腐蝕生命，我們才會那麼需要科技來幫助我們專注、覺察與創造心流。

想要輕鬆運用科技，近乎隨心所欲，有一件事很有幫助，就是吐納。海瑞格在他的經典著作《箭術與禪心》（*Zen in the Art of Archery*）裡提到，吐納在日本弓道中扮演了關鍵角色。他說弓道是禪的展現，是「無道之道」，唯有心如明鏡才能發揮，而吐納就和正確持弓一樣重要。除非我們使用資訊科技時，能克服電郵呼吸暫停症之類的毛病，否則永遠無法建立健康的交纏。幸好科學家已經開始從事實驗，希望找出方法改善我們使用電腦時的呼吸習慣。為了瞭解最新進展，我造訪了史丹佛大學的靜心科技實驗室（Calming

Technology Laboratory）和研究計畫主持人尼瑪．莫拉維吉（Neema Moraveji）。莫拉維吉是博士生，我們在瓦倫柏格廳的一樓見了面。

瓦倫柏格廳是沙岩建築，位於史丹佛大學的主四合樓內。和莫拉維吉見面，是我這輩子最接近科幻影集《Lost 檔案》演員的一次經驗。他的經歷和個性夠怪，專業能力強，人又長得帥，使他順利搭上大洋航空八一五班機，並參與了虛構的達摩計畫。莫拉維吉的父母親是伊朗人，一九七九年移民美國。他在卡內基美隆大學攻讀資訊工程，接著到微軟亞洲研究院工作，之後才來史丹佛大學。他在亞洲和拉丁美洲當了幾年背包客，可以用多種語言解釋冥想的好處。我們見面的那天早上，他在臉書上貼了幾張他和時裝設計師未婚妻的合照，背景是內華達州沙漠舉行的火人節活動。這項年度盛事為期一週，是灣區前衛藝術家和科技人最愛的藝文活動。

靜心科技實驗室聽起來很玄，其實只有莫拉維吉的筆電、幾個網站、一群遊走四方的思想家和幾組原型設備。我和莫拉維吉見面時，他身上就穿著他最近的一款發明，由胸部感應器和 Arduino 電子控制器組成（Arduino 是雜牌發明家的最愛，因為它價格便宜、可塑性高），並用網路連到他的蘋果電腦。實驗室的其他人則在研發利用簡訊、數位相片、甚至臉書傳訊的負載式傳送系統。這個領域可以做一些很有趣的實驗，也能用便宜器材製作概念驗證原型機。

靜心科技實驗室主要鑽研能夠降低日常低階壓力源的科技。壓力源就是會激發壓力反應的事物，但研究人員不想去除有用或好的壓力源。舞台演員和急診室醫師擅長在壓力下工作，而極限運動迷則是不惜重金跳下飛機或到饅頭區滑雪。但靜心科技實驗室只針對低階的慢性壓力，也就是會在日常生活中造成摩擦與挫折的壓力源。

我問他們如何定義**靜心**。莫拉維吉回答：「**靜心**就是『沉著警醒』。」靜心、凝神和專注是彼此關聯的。莫拉維吉接著說，慢性壓力發生率愈高，「人就愈容易分心，愈不容易專注，愈難有創作力，而這些分心都會透過呼吸反映出來。」

呼吸改變未必是不自主的。莫拉維吉從一開始就發現了這一點。我們的呼吸時常是無意識的，並且會受任務和環境影響，電郵呼吸暫停症就是一個例子。但呼吸和心跳或血壓不同，後兩者雖然也會隨著壓力起伏，但只有呼吸是**可以**控制的。只要我們注意呼吸，它就可以被控制。莫拉維吉自己便花了幾年時間練習呼吸靜心。他說：「呼吸是身體和心靈的交會點，也是調整個人狀態一個很簡單的機制。」呼吸還有一個好處，就是容易測量、監控與量化，因此非常適合數位介入。

莫拉維吉穿在身上的設備是「靜心教練」（Calm Coach）系統的一部分。早上打開電腦工作前套在身上，然後穿一整天，這套系統會監控你的呼吸頻率。莫拉維吉指著蘋果電腦選單列上的一個指示器，讓我看他目前的呼吸頻率，並且和基線做比較。他的數值很低。

和大多數研究生不一樣，莫拉維吉談到自己的博士研究時一點壓力也沒有。

莫拉維吉指著選單列上的另一個數值說：「我們正設法呈現一個隨時在變、但很重要的東西，就是你的靜心狀態。這些點數就是我們的方法。」只要呼吸習慣良好，「靜心教練」就會發點數以資獎勵。我看的時候，他心跳率旁邊的數字從三十七跳到三十八。如果講電話生氣或開會不順讓你心跳加速，靜心教練不會扣你點數，因為所有遊戲玩家都會告訴你，扣點數只會讓壓力更大。再說，瞭解一天當中哪些時候有壓力，以及這些時候你都在做些什麼，或許對你很有幫助。莫拉維吉叫出一個網頁，上頭有兩欄資料和一組他筆電上的螢幕截圖。他解釋道：「左邊那欄記錄我壓力最大時在做什麼，右邊那欄顯示我最平靜時在做什麼。」我發現左邊那欄其中兩張螢幕截圖裡的電郵頁面是開著的，讓我頓時好過一點，因為就連靜心專家檢查電郵時偶爾也會忘了呼吸。使用這個系統幾週或幾個月之後，就能看出一個人一天中的哪些時候最容易有壓力，哪些活動他做起來最遊刃有餘。

螢幕跳出一張海灘的相片，莫拉維吉說：「我達到里程碑了。」靜心教練獎勵他今天早上拿到了四十一點。莫拉維吉說，未來「靜心教練」或許能更積極，在你壓力指數過高時建議你休息，或是在你通常最平靜的時段建議你著手難度最高的工作。

靜心教練依然帶有原型機那種迷人的粗糙感，例如 Arduino 控制器沒有外盒（出狀況時沒有外盒比較好處理），還有呼吸監控器是有線的，若能改成無線會好用許多。但我還是可以想像如果出了更新潮、更精緻的版本，那些運動時已經會配戴心率監控器的人和永遠在找工具提升創作力的人會樂於嘗試。不過，靜心教練最棒的一點就是它永遠開著，永遠在蒐集資訊，提供點點滴滴的回饋，督促你保持平靜。有鑑於成人平均每天呼吸超過兩萬次，使用電腦時有一套系統隨時注意你，這好處不證自明。這套系統能提供即時資訊又不喧賓奪主，感覺非常適合幫助我們重新建構科技使用與呼吸之間的無意識連結。

雖然一開始可能只有生活技客買單——就是那些已經買了 Nike+ FuelBand 智慧手環，在《搞定》（*Getting Things Done*）的書頁摺角，永遠在找新東西讓自己變得更聰明、更有創作力、更**怎麼樣**的高科技早期採用者，但莫拉維吉希望這套系統的實際好處，能促使所有人對自我覺察更感興趣。他說，這套系統能讓「那些不想沉思，只想減輕壓力或把事情搞定的人受益，但真正的重點在於提高情緒和身體的覺察。畢竟靜心不只是緩和神經，而是讓心靈安靜，讓你更有創意和創作力，想出很棒的點子」。他還希望靜心教練和其他類似的系統能讓使用者明白，「讓我們倍感壓力的科技，也能使我們身心平靜。」我們可以駭入並改寫電腦以及我們和電腦的關係。莫拉維吉說：「電腦不應該只是讓我**做**一些事情，更應該幫我成為更好的自己。」

靜心教練還要一段時間才會上架。在此之前，市面上已經有一些工具能幫你和電腦建立更沉思式的關係。這些工具有一個充滿希望的名字，就叫「禪軟體」（Zenware）。

2

簡化

Simplify

專注的祕訣：少即是多

下一回坐在電腦前，記得下載兩個軟體。一個是Freedom，它能讓你暫時無法上網，最多八小時；另一個是Dark Room（蘋果電腦是WriteRoom），這個書寫軟體使用簡單乾淨的介面，幫助你專心（若你使用Linux，表示你電腦功力夠強，應該可以找到自己的版本）。使用這兩個軟體一個禮拜，你可能會發現自己的寫作和專注力開始改善，對自己也更瞭解一點。沉思式計算需要實驗與反思。人必須嘗試新事物，看它們如何改變你的延伸心靈，並改變科技來幫你提升延伸心靈，加強你的創造力和專注力，這很重要。

Freedom使用很簡單。開啟程式之後，會有一個對話框問你：**你想要幾分鐘的自由**？只要輸入數字再按下輸入鍵，你就離線了，不管做什麼都沒辦法讓網路恢復，得等倒數結束，如果想看電郵或推特就得重開電腦。這時你一定會問：**何必這麼麻煩呢**？這麼做很有遏阻作用，效果驚人。

頭一回程式問我**你想要幾分鐘的自由**時，我起初的反應是有些驚慌。**完全不連線**？**我在做什麼**？**我瘋了嗎**？擁有網路讓我們下意識需要連結，就算覺得離線比較好，我們也想待在網上，而「我們**必須**保持連線」的想法，正是讓我們拍攝貓咪影片上傳和動不動就檢查電郵的始作俑者。問題是，如果真的需要上網根本沒問題，因為我還有iPod和iPad。

不過是切掉電腦網路，又不是被送到西伯利亞。

然而，我還是先匆匆檢查了電郵，將書籍檔案備份到伺服器後，才讓自己離線兩個小時。我按下輸入鍵，Freedom 告訴我：**你現在已經離線。離線時間終止之前，Freedom 不會再做任何回應**。我等了一、兩分鐘，然後按下 command 和 tab 鍵，Freedom 完全沒反應：沒有選單列，也沒有**快回去工作**的警語，什麼都沒有。我不禁想起電影《新科學怪人》（*Young Frankenstein*）。片中吉恩・懷爾德（Gene Wilder）飾演的科學怪人**（YouTube 不知道有沒有這個片段？可惡，我沒辦法上網查）**告訴泰瑞・蓋兒（Teri Garr）和馬蒂・斐德曼（Marty Feldman）**（他和懷爾德一起演過一部福爾摩斯電影，Netflix 不知道有沒有——可惡，不能查）**，無論聽到多麼可怕的尖叫聲**（這讓我想到一件事，我——不，算了吧）**，都不要和怪物一起進房間來。

這件事讓我驚訝地發現，即使只是思考一件無關緊要的小事，我的心也會不停飄向別處，想到好幾件事，想回答這個或那個問題，同時意識到網路多麼容易就能滿足這份好奇心。網路那麼容易讓人分神，正是因為我可能**可以**找到那個電影片段，那部電影 Netflix 可能有，而從我離開 Netflix 到進入 IMDb 之前，可能會浪費好幾分鐘的時間回溯斐德曼短暫而悲劇的生涯。網路讓我們一事無成，因為它太成功了。更精確地說，我們無法專心是因為我們知道，網路上隨時都有意想不到的大觀園，等著我們分心去逛。

然而，除非我重開電腦，否則就只能坐下來乖乖寫作。我不時心想：**信箱裡會不會有新電郵**？或是：**分析師菲利斯·賽蒙（Felix Salmon）對最新的貨幣危機是不是又有什麼高見**？但我能做的只有這樣。我只能想，沒辦法求證。辦不到。因為我把網路關掉了。於是我只好繼續工作。

過了一會兒，我的思緒從**媽的，我沒辦法看電郵**，變成**太讚了，我沒辦法看電郵**。我真的感覺自由了。

Freedom 告訴我們，當我們需要專注時，少即是多。WriteRoom 做的也是一樣的事。只要打開 WriteRoom，它就會占滿整個電腦螢幕，你只能看到黑色背景和一個閃爍的綠色游標。沒有選單列、沒有字體選項、沒有即時通的視窗露出一角，也沒有狀態更新或電郵通知，要不是那個綠色游標，感覺就跟關機沒有兩樣。但游標卻像一個信號，告訴你電腦正靜靜等著你開始用它。

對於早已習慣螢幕不斷出現下拉式選單、按讚、評分、即時推薦和通知的電腦使用者而言，這樣的螢幕就像一種酷刑，有如置身牢房或被人搶劫一空的房間那麼可怕。

然而，這個視覺上的極簡化卻讓我想起過去，想起個人電腦似乎充滿無限可能的年代。雖然能做的工作不多，而且多半得靠寫 BASIC 程式來完成，我卻曉得 Apple II、Commodore 64 和 TRS-80 是打造科幻小說中那個世界的第一批積木，只等著我們去拼湊。

不是只有我對 WriteRoom 有這樣的感覺。如果你在首批個人電腦問世時（一九七〇年代末期到一九八〇年代）正好是青少年，這套軟體很可能激起你沉寂多年的模控記憶，喚起宛如莫比烏斯環（Möbius strip）的懷古之情，讓你想到當時正要發生的未來。已故《紐約時報》專欄作家維吉妮亞・赫弗南（Virginia Heffernan）對 WriteRoom 讚譽有加，她的描述既有維吉尼亞・伍爾芙的味道，又帶著網路叛客的調調：「你像火箭一樣奔向未知，進入深邃的孤獨，寫下的每一個字都烙印在外太空，開啟一場星際大戰。對我們這些使用 Zenith Z19 學習 BASIC 語言和 Kaypro 處理文字（是的人舉手）的人來說，看到這個復古的黑底綠標只會屏息驚嘆。」

赫弗南說，過去曾有一段時間，「人類的奧祕和計算的奧祕似乎互相啟迪、互相深化。」電腦曾是等待我們開發與主宰的新世界。坐在鍵盤前不是被動無作為的一件事，而是探險和個人追尋的開始。這趟探索之旅將會改變你，讓你變得更聰明。只要努力解開這小宇宙的祕密，你就能控制它。個人電腦問世初期，使用者得自行撰寫程式，至少必須會輸入它。人和電腦互相幫助對方更聰明，這一點在過去感覺比現在明顯得多。

現在，我們只感覺電腦快得無法理解，複雜得超乎想像，連日常用的軟體也可能複雜得令人頭昏眼花。就拿我現在用的 Word 文書處理軟體來說吧，光是選單上就有十一個下拉式標籤，其中十個標籤共提供一百四十項指令及功能，包括開啟、儲存、加旗標留待追蹤、欄寬自動對齊和文字左右對齊等等。最後一個標籤則提供兩百多種字體，這還不包括粗體、斜體、底線、緊縮字間距和細體的變化。若不喜歡下拉式選單，你也可以使用文件頂端的功能區，以圖像點選部分功能。最後，我還有六種方式檢視文件，包括草稿、大綱、Web 版面配置、整頁模式、記事本版面配置和全螢幕檢視。

比起簡單、選項貧乏的系統，Word 之類的軟體很難讓使用者發現赫弗南所說的「啟迪人心的奧祕」。即便是用來幫助我們更安全、更有創作力的科技，那些赫弗南認為「保護我們不受科技陰暗面侵害的易用介面」，也都可能一不小心讓我們的技能或直覺鈍化。這不只發生在鍵盤上，更可能在現實世界造成致命的後果。二〇〇九年，一架法航空中巴士在巴西外海墜毀。國際航空運輸協會（International Air Transport Association）二〇一一年提出警告，表示飛機操作已經變得太複雜，導致機長不可能培養和持續精進飛行技能。他們所受的訓練是在航程中盡可能採取自動駕駛；手動駕駛時數減少的結果就是緊急應變能力變弱，尤其是處理自動駕駛或機件故障所導致的意外事故。

因此，我們需要搞清楚哪些更快、更複雜的軟體才是真正能讓我們生活變好的工具。我們很容易以為只要電腦變得更快、更強，我們也會跟著變快、變強。但數十年來對於複雜系統失靈的研究顯示，高度自動化系統永遠無法消除這個世界潛藏的複雜性，從物理定律的不可追蹤到天氣的不可預測都是如此。就是這些系統讓飛機駕駛員（或核電廠操作員或避險基金經理人）無法親身體驗這些潛藏的複雜性，以至於發生狀況時無法做出正確的判斷，並以訓練有素的鎮定做出反應。

如果你是科學家或金融分析師，每天要處理大量數據或模擬，那一定會有某些工作，讓你必須在電腦前面坐上好幾天，現在卻只需要幾秒鐘，還有某些工作在過去少了電腦就無法執行，現在卻不一定需要倚賴電腦。在某些領域裡，軟體就像電力或引擎，絕對讓工作加快不少，但不是所有需要創意的工作都能靠軟體加持。就拿寫作來說吧。我用 Word 寫東西已經二十年了。這二十年來摩爾定律翻了十次。摩爾定律指出電腦效能大約每兩年提升一倍，因此我現在用的電腦已經比當年跑 Word 5.1 的電腦效能提升了一千倍左右。但我寫作的速度有提升一千倍嗎？有任何人做到這一點嗎？我們看電郵的速度有比一九九○年快一千倍嗎？還是我們只是覺得電郵數量增加了一千倍？

功能豐富的大程式很複雜，創意工作也很複雜，兩者只是複雜的方式不同。極致簡單的程式去除了瑣細的分心，擋開外在世界，幫助你面對創意工作的複雜，給你空間讓你思考，讓多工作業（multitask）更有效率。

多工作業由來已久

多工作業最近名聲不好，但人類一開始就是多工作業的生物。真的。部分考古學家認為，智人的成功就在於多工作業的能力。說起古代的多工作業，最令人讚嘆的例子，來自南非金山大學（University of the Witwatersrand）林恩・威德利（Lyn Wadley）的實驗。威德利的研究團隊重現了古代製作石器的方法。石器時代的獵人會將石片固定在木把上，以製作斧頭或其他武器。製作時，他們會用強力黏膠來固定各部元件。這個技術稱為裝柄。獵人會採集天然材料加以熬煮製成黏膠。這需要大量的經驗與技術，而威德利的研究團隊認為，製作黏膠除了天然材料之外，還需要一個東西，就是多工作業的能力。

為了瞭解威德利的論點，我們不妨回想從前的化學課。一般的化學實驗，通常是先依據適當比例，按照正確順序混合化學物質，然後以 x 溫度加熱 y 分鐘，有時需要測量酸鹼值或在某個時間點攪動，甚至在化合物開始變色、但尚未變**太多**時加入其他物質。就算在控制精確的實驗室裡，要做到也不容易。現在想像實驗挪到戶外進行。你沒有純原料可用，所有材料都是採集、打獵、摘揀、種植或挖掘來的，也無法精確測量 x 與 y，因為你根本不曉得「標準化度量衡」這種東西，甚至連數字的概念都沒有。而且你一邊實驗，還必須一邊留意篝火，免得篝火熄了、太燙或熱度不均。你覺得你能拿幾分？

石器時代工匠的工作條件就是如此，而且他們的成績不是常態分布，而是只有兩種分數：生與死。在此之前，上古人使用了很長一段時間的瀝青和樹脂作為天然黏膠，但這兩樣東西黏合一般東西可以，用在武器上就不夠牢。大約七萬年前，南非的造斧部落發現植物膠和赭石（一種富含鐵質的礦物）混合後黏性極強，可以讓斧刃和斧柄黏合好幾年，但必須用對植物，混合比例和加熱時間也必須正確才行。威德利的研究團隊嘗試複製這種黏膠，發現如果混合物太稀或太稠，就必須加入極少量的蜂蠟和細沙進行調整，但即使在實驗室裡調配，也很容易加入過多蜂蠟和細沙而功虧一簣。

因此，為了成功製作黏膠，石器時代的工匠必須知道原料加熱後的變化，還得判斷每一批混合物的最佳加熱度，以及需要多少添加物。換句話說，他們必須預測不同原料加熱時的反應，隨時觀察膠液的狀態，並根據經驗調整配方以防悲劇發生，導致浪費。威德利結論道，這些預測、觀察和臨機應變，「唯有具備多工作業或抽象思考的能力才可能達成。」

在地球另一端，美國加州大學洛杉磯分校教授莫妮卡・史密斯（Monica Smith）也在古物中發現人類多工作業的證據。事實上，她也主張多工作業能力是人類演化出複雜社會的重要因素。智人必須和一些更強壯、更敏捷、攻擊性更強的物種（其中一些物種後來被人馴化了，例如豬和牛）爭奪食物與活動空間，團體和個人的多工作業能力讓我們的祖先得以截長補短。個人的多工作業能力讓他們可以籌畫和執行更複雜的任務，並藉由燒烤、燻製及烹煮來拓展食物的範圍。團體的多工作業能力則讓他們擺脫採集堅果、果實和塊莖的覓食方式，開始狩獵和種植作物（種植需要大量的事先規畫，以及現在投入氣力以便未來收穫更多的能力）。多工作業讓我們這個物種發明了更複雜的社會儀式與科技，進而促成定居式的都市生活。換句話說，多工作業幫助我們的祖先成功對抗其他物種，製造各種工具，最終創造了文明。

既然人類已經多工作業了幾萬年，那我一邊發簡訊給小孩，一邊喝著低咖啡因摩卡冰砂，同時在一〇一號高速公路上加速前進，又有什麼問題呢？大家都這麼做呀。既然多工作業對人類演化如此重要，為什麼現在要放棄呢？

簡單來講，我們說的**多工作業**其實意味著兩種完全不同的活動：一種有生產力，讓我們心智更專注，感覺更好；另一種沒有生產力，讓人分心，覺得左支右絀。分辨這兩種多工作業很重要，因為我們經常隨便使用這個詞彙，而且往往不正確。許多我們所謂的多工作業根本是別的東西。

石器時代的多工作業是好的多工作業。當你做某件事並完全沉浸其中時，就是這種好的多工作業。

對林恩．威德利而言，多工作業是「在心中掌握多重行動」的能力，其中包括抽象思考的能力，以及注意力在不同物體之間或過程的不同部分跳換的能力。莫妮卡．史密斯的定義則是「一次進行多項活動，並依據內在和外在條件調整活動時機及順序的能力」。無論如何，多重行動都只有單一終點，例如為斧頭裝柄調配合適的黏膠，為晚餐準備食材或整理田地。

執行複雜計畫時，需要的就是這種多工作業。我們必須同時操縱許多球，好讓球在正確的時間以正確的方式回到正確的位置。我們做得很自然。如果威德利和史密斯說得沒錯，那我們做得如此自然是因為這是人類演化而來的能力。

還有一些情況，我們也可以善用不同的認知流。好的講師會用白板上的幾個字或螢幕上的某個影像，幫助學生記住她說的要點。對視覺圖像傳譯師（繪製精巧圖像呈現談話或對話的人）而言，一邊聽人說話一邊觀看主題地圖能強化學習效果，這是他們的專業信念。在這些例子裡，不同的認知串流不會彼此競爭，而是彼此加強，用不同的方式傳遞類似的信息。欣賞歌劇需要多工作業。你的大腦必須處理音樂、劇情、歌詞和演出，並且將所有元素整合在一起，才能吸收其中豐富的信息。

無論現在或猛獁仍是人類佳餚的年代，烹飪都是多工作業的絕佳例子。假設你想請朋友來吃晚餐。你必須先想朋友愛吃什麼，然後規畫食材，決定什麼時候該買什麼（玉米粉和豆子可以放得比魚肉和現摘羅勒久）。每道菜都必須在恰當的時間料理，按照正確的順序上菜，如此一來，料理時不會互相妨礙。你一邊切菜煮菜，可能還得兼顧其他事情，例如碗盤乾不乾淨，桌布和蠟燭準備好了沒。你可能必須臨時改變菜單，因為兩名賓客正在塞車——烤肉沒關係，但派必須晚一點才放進烤箱。小孩應該準備更多薄脆餅乾，鮮奶油稍後再打。同時處理這些事是不是很困難？當然。要是都搞定了，賓主盡歡，是不是很有成就感？那還用說。

將匯聚的不同認知流編織為一的能力，也可以用在純智性活動上。少了將不同概念暫存於短期記憶的能力，我們就很難比較這些概念、辨認它們的關聯或形成新的概念。許多創意工作或創新都包括意外的組合，將熟悉的事物以陌生的方式並置在一起，創造出新的東西。沒有多工作業的能力，就不可能有這種創意。

有時，兩個活動可以同時進行，因為我們很熟悉其中一個活動，或是兩個活動分別涉及大腦的不同部位，這時我們也稱之為多工作業。許多人會一邊聽音樂一邊讀書或寫字（一項有趣的研究指出，人的心理質素會決定他喜歡聽樂器演奏或人聲表演），一邊遛狗一邊沉思，或一邊講電話一邊看著寶寶。一邊摺衣服一邊聽音樂的感覺很棒，因為如果不一邊聽音樂，我就不會摺衣服或做任何家事。事實上，雖然有些人認為這類活動是多工作業，但幾乎不算是。我有一回坐在按摩池裡讀書（想也知道），就有一個老人稱讚我一心多用。

雖然偶爾會手忙腳亂，但一般人通常能一邊煮菜、烤東西，一邊吩咐小孩去擺碗盤。在堆滿書本和螢幕的書桌前統整想法是不容易，但能夠讓人專注，獲得成就感。這種多工作業往往能帶來心流。

切換式作業≠多工作業

只是當我們同時使用數個設備或媒體，這樣的多工作業就完全不同了。一邊寫作一邊聽音樂是一回事，一邊在兩個網頁切來換去，和高中老友在臉書上聊天，一邊用 iPhone 聽播客又是另一回事。這些活動不會統合為一個大的智性挑戰，只是我想同時做的事情。

科學家會告訴你，這種多工作業其實不算多工，雖然很多人這麼稱呼。它只能算是切換式作業（switch-tasking）：大腦在不同的活動之間切換，經常變換焦點，從某個任務跳離到另一個任務。

切換式作業為什麼會有問題？除了削弱我們的創造力和創作力，讓我們沉迷於無效率、更容易陷入自我欺瞞之外，切換式作業對大腦的負擔其實比我們想的還要沉重。我和加州大學柏克萊分校一名專門研究記憶和多工作業的心理學家見面之後，對於這一點就更明白了。

那天，我和梅根・瓊斯（Megan Jones）在學校對街上的咖啡館碰面。我們點了拿鐵之後，找了張桌子坐下——美國西岸的科學研究通常有一點閒散。她拿出 iPhone，點開碼錶應用程式說：「好，我們現在來做一個三階段的實驗。首先，我要你用最快的速度從一數到十。」

身旁的人都在讀大部頭小說或課本，要我做這麼簡單的事有一點難為情，但我還是做了。我急急地輕聲數數，不想打擾到鄰桌正沉浸在《米德鎮的春天》（*Middlemarch*）裡的女士。數完後，梅根說：「大概花了一秒半。好，接下來是讀英文字母，從 A 念到 J。」

這個簡單。我一樣花了大約一秒半。正在讀《米德鎮的春天》的女士刻意無視坐在鄰桌的這個白痴，往下翻了一頁。

梅根接著說：「現在一個數字、一個字母交換數，從一 A、二 B 往上數到十 J 為止。」我心想，既然之前兩個步驟各花了一秒半，這個步驟應該需要三秒，最多四秒吧。

於是我開始數：「一 A。」前幾個數字和字母很容易，但大概數到「五 E」的時候，我就強烈意識到數字和字母的組合不再那麼直覺了。我必須開始**想**自己在做什麼。我開始稍微大聲地數，以便專心。「呃，六……F。七……」——**E、F，下一個字母是——**「G……」**我剛才數到哪個數字了？喔**——米德鎮女士抬起頭來，讓我更慌了。「八……」**可惡可惡可惡！**

我把剩下的數字和字母念完。念完「十」我馬上就喊了「J」，但那只是因為我知道它是最後一個字母了。「你花了九秒半。」梅根說。我又嘗試了兩次，但就算大腦已經被拿鐵活化了不少，我還是沒辦法在九秒內從一A數到十J。分心時間結束，米德鎮女士又低頭回到書本的世界。

我剛才做的是切換式作業的經典實驗。這個實驗很好用，不只因為你在咖啡館就能做，不必進實驗室，而且因為所有人都背誦過無數次字母，在睡夢中也能從一數到十。前兩個步驟幾乎不需任何注意力。

然而，一旦將兩個步驟合在一起，就突然不那麼直覺了。你必須同時想下一個數字**和**下一個字母，這會大大減慢你的速度，原本流暢的心理機制就變得窒礙不通。以我為例，當兩個步驟合併成一個，也就是進行切換式作業時，我花了三倍時間。

現在，想像你一邊聽人討論某個話題、一邊寫電郵，或是一邊開會、一邊上網看新聞頭條。或者不必想像，直接回想你上次這麼做的時候。

你可能覺得一心二用還滿簡單的，但咖啡館的實驗證明了切換式作業必須付出極高的代價。你每回從甲視窗跳到乙視窗，或從瀏覽電郵跳到開電話會議，都得耗費心力。據估計，這樣的切換可能每週占掉你幾小時時間，而這些時間正是你最需要發揮創作力的時候，而且切換式作業往往更容易犯錯。

研究顯示切換式作業有時很危險。當你一邊開車一邊接電話，部分注意力就會從留意周遭環境轉向聽對方說話，使你較難察覺突如其來的路況變化並立即反應，例如前車未打方向燈任意變換車道或是小孩擅闖馬路等等。就算通話結束，你也需要幾秒鐘，才能將注意力從電話拉回到前方的車輛上。

切換式作業也會降低你的創造力。我們很容易認為多工作業能促成全新的概念連結。的確如此，只要所有的活動朝向單一目標即可。然而，切換式作業絕對無益於創造力。切換式作業時，大腦耗費太多力量進行基本管理，不太有餘裕看出之前沒有發現的連結或創造新的聯想。

諷刺的是，切換式作業會自我回護。史丹佛大學教授克里夫·納斯（Clifford Nass）發現，最投入的多工作業者（道地的切換式作業者）其實「在多工作業的所有環節上都表現極差。他們極不擅長忽略無關的訊息，也不擅長將訊息條理分明地留存在腦中，更不善於在不同的任務間切換。」然而，可悲的是切換式作業強迫症患者認為自己表現出色。切換式作業容易讓人高估自己的能力，忽略所付出的代價。

不幸的是，手機這樣的設備是專為切換式作業而設計的。它用轉換注意對象的方式讓你一直盯著它看。數位驅動的切換式作業往往將多項任務塞入一個很窄的注意力範圍內，讓你無法在必要時保持專注。一邊開會一邊寫電郵給朋友不會活化大腦的不同區塊，而是搶著占據大腦同一個區塊的注意力。還有部分資料顯示，重度數位切換式作業者比其他人更難長時間專心。大腦一旦習慣多重輸入與持續分心，就很難專注執行單一的複雜任務。

切換式作業所需的認知資源，跟為了演講而閱讀大量資料所需的認知資源，兩者大不相同，也跟同時煮三道菜所需的認知資源不同。就個人而言，切換式作業和為了單一目標進行多工作業，感覺很不一樣。混合樹脂和赭石，將之加熱、攪拌，感覺烹煮狀態如何，思考接下來該怎麼做，這一系列動作會產生近似心流的體驗，而不會讓人感覺注意力被拉扯得四分五裂。誠如納斯所言，我們遠古祖先的生活環境提供了大量挑戰與刺激，但他們可能覺得一切都互相連結。納斯說：「例如獵捕動物時，你可能會注意很多事情，但全是為了獵捕動物。」

撰寫這一章時，我桌上有三本書和一份期刊打開著，iPad 上開了一大堆網頁和一份科學期刊的ＰＤＦ檔。我會交替瀏覽這些東西，尋找這個、尋找那個，檢查引文，查詢參考資料，搞清楚某段話是什麼意思。我同時做好幾樣事情，但是這和我一邊跟同事講電話、一邊回答小孩問題不同，這些動作都指向同一個目的，就是瞭解多工作業的歷史。我還一邊放著樂隊合唱團（Band）的〈大粉紅之歌〉（Music from Big Pink）當背景音樂。對我來說，音樂是心靈能量的來源，能幫助我集中。我很容易忽略歌詞，但說話會干擾我寫作的能力（所以我不聽饒舌樂或新聞播客）。我寫作時幾乎不會察覺手指敲打鍵盤的動態，因為我用手拼字，不必留意某個單字由哪些字母組成。我可以直接思考句子和論證。

刻意歸零的禪軟體

寫作本身其實包括一連串認知活動，充分顯示在追求創意作品的過程中，我們是如何跟工具相互交纏。就是因為寫作如此複雜，才需要高度的專注，而作者才會出了名地需要獨處。有一些寫作者和思想家在監獄那種極端簡陋的環境裡寫出了好作品。馬可・波羅、薩德侯爵、王爾德、使徒保羅、馬基維利、龐德、塞萬提斯、索忍尼辛、甘地、葛蘭西（Antonio Gramsci）和馬丁・路德・金恩，都是在身繫囹圄時，完成了他們最令人難忘的作品。要是加上戰俘營，這份名單還得補上法國年鑑史學家布勞岱爾（Fernand Braudel）和英國奧裔哲學家維根斯坦。因此，一些最好的禪軟體都是文書處理軟體，也就不令人意外了。

禪軟體是獨立記者傑佛瑞・麥金塔（Jeffrey MacIntyre）於二〇〇八年創造的名詞。禪軟體的設計前提是，多工作業時，簡單的工具比複雜的工具更有益。文書處理軟體應該維持簡單，免得讓已經夠複雜、夠有挑戰性的寫作變得更困難。禪軟體並不想讓文書處理自動化，以「解決」寫作的困難，也不希望提供大量功能以提高創作力。假如 Word 是空中巴士，禪軟體就是螺旋槳飛機。它盡量不逼使用者改變既有的工作習慣，學習太多新指令或新概念，也盡量減少軟體對認知功能的負擔。它去除令人分心的外在事物，給心靈更多自由從事高創作力的多工作業。

Hog Bay Software 開發的 WriteRoom 就是最好的例子。它是用來定義禪軟體的麥金塔軟體之一，原創者傑西・葛洛斯強（Jesse Grosjean）回憶道，WriteRoom 起初只是某個更大、更複雜的大綱軟體（當時有許多作家非常愛用這套軟體）的全螢幕模式，由他負責編寫程式碼。但他很快發現全螢幕模式比大綱模式更有威力，於是他埋頭苦幹了整整一週，寫出 WriteRoom 的可執行版本。這套軟體引來許多仿效者，包括 Dark Room 和 PyRoom（分別適用於微軟和 Linux 作業系統）等，並推動了極簡主義的設計風格。

WriteRoom 的特別之處在哪裡？在它背後的哲學，以及它處理寫作和專注力的方式。過去數十年，文書處理軟體一直以「所見即所得」為原則，認為螢幕上呈現的格式應該盡量接近完成品的樣貌。由於電腦效能不斷提升，開發者賦予寫作者掌控「所見」的能力也愈來愈強。例如最早的文書處理軟體只提供五、六種字體，現在高達數百種。要是使用一種以上的語言，數目更高達數千。但在使用者愈來愈有能力無止境調整文件外觀與感覺的同時，寫作便受到了干擾。調整頁面邊界、欄位大小、行距和版面配置，就像數位版的削鉛筆和清理抽屜，看起來像在工作，其實是逃避工作。

大綱軟體試圖用複雜的大型程式來幫助作者處理複雜的大型寫作案，例如寫作軟體 Scrivener 便鼓勵使用者開啟許多小文件檔，而非以章節為單位的大檔案，接著使用大綱功能將小檔案彙整成章節，最後再將章節（和主文件及網路連結等等）放入活頁夾。文件可以插入標籤、標記、註解、註腳和其他許許多多的超資料（meta-data）。軟體還提供另外一些功能，例如顯示你從開始（或今天）已經寫出多少字，還需要再寫多少字的管理工具。Scrivener 希望幫助寫作者看清作品的結構，以便找出需要重寫的章節或輕鬆更動順序。但它的學習曲線很陡。就算每天使用，用了整整一年，我還是一直發現有自己不認識的功能。

WriteRoom 作法完全相反，自信地宣稱寫作時「少就是多」。葛洛斯強形容這套軟體是一個「寫作環境」，而非文書處理程式或文字編輯器。它沒有軟體設計人員預期一個文字編輯器該有的功能，例如語法標記，也不像 Word 可以讓作者編輯文件格式與結構。葛洛斯強表示，WriteRoom「提供**感覺**更勝於功能」。這套軟體全力將焦點（也讓**你的**焦點）擺在寫成白紙黑字的瞬間，不提供任何關於格式或版面配置的選擇。

評論者和使用者很快就發現禪軟體「以簡馭繁」對於創造力的貢獻，並且大加讚賞。加拿大作家兼網路開發者麥可・郭曼（Michael Gorman）解釋道：「這種文書處理軟體完全專注於寫作本身，而不是美化字形、製作表格或改變字體和大小。」印尼程式設計師唐諾・拉圖瑪希納（Donald Latumahina）則說：「螢幕上只有文字讓我得以完全專注於眼前的工作。沒有干擾、沒有花俏的玩意兒，什麼都沒有，只有我和工作。」另一名使用者說：「一旦開始，你就完全投入了。你看不到系統列、開始鍵、桌面或其他東西，只有編輯器。它對搞定工作太有幫助了。」德國作家希夏德·諾登（Richard Norden）寫道：「只有我、空白的螢幕、我寫的文字和目前的字數，沒有華麗的工具列、五顏六色的按鍵、浮動視窗或其他的無用之物令人分心，將我拉離真正重要的事物。」

WriteRoom 另一項備受模仿的特色是外觀。WriteRoom 看起來不像紙張，不是白底黑字，而是黑底亮字，很像一九七〇年代晚期的主機終端機。《華盛頓郵報》記者羅伯·佩格拉洛（Rob Pegoraro）說：「WriteRoom 彷彿將閃亮如新的蘋果筆電帶回到磁碟作業系統的黑暗時代。」但他指出，在這個「程式拚命丟資訊給我們，而不是幫助我們處理資訊」的時代，新興應用軟體的極簡主義不是「搞怪」或「懷舊情懷」作祟。葛洛斯強說，復古設計是「吸引早期採用者注意的絕佳方法」。由於這批人通常要求最前衛的設計，復古似乎是違反直覺的作法，但其他電子產品公司也有類似的潮流，例如推出造型仿效徠卡 M3 相機的數位相機。M3 的經典設計最早出現在一九五〇年代，數十年來一直是簡單、嚴肅攝影的標竿。Instagram 之類的應用程式也是一例，它能讓新照片顯得老舊、簡單，卻更有層次。

如果 WriteRoom 的極簡主義是黑螢幕加閃光游標的老派風格，那麼另一個禪軟體

OmmWriter Dana 就像芬蘭赫爾辛基的精品旅館了。它是「刻意歸零」的經典之作，由負面空間包圍著的一些強力元素組成。

而這套軟體的構想出自一家廣告公司，這就更令人匪夷所思了。

巴塞隆納赫雷茲索托廣告公司（Herraiz Soto）的主管之一馬茲邦・庫柏（Marzban Cooper）說，他們之所以投入軟體研發，是因為「公司內部需求」。他們是一家「擅長將客戶變成粉絲」的小型網頁設計公司，旗下設計師必須創造出吸睛而誘人的產品來吸引客戶。然而，永遠紛擾忙亂的廣告業界很難令人專心。某次度假，公司創辦人之一的拉法・索托（Rafa Soto）坐在「巴西一處空蕩蕩的沙灘上」，他突然靈機一動，想出了 OmmWriter 的點子。回到辦公室，索托立刻召集六名設計師和程式設計師開始工作。十四個月後，公司裡所有人都關掉 Pages 和 Word，頭一次開啟 OmmWriter。

用**開啟**這個詞完全正確。因為你不僅用它來寫作，還置身其中。當它關掉電郵和聊天通知時，會說：**歡迎重回專心**。OmmWriter 有三種螢幕背景：灰色天空下枯樹成行的雪白大地、簡單的白色畫布或灰藍色背景。

索托和庫柏都練過冥想，他們的經驗適度影響了這套軟體，讓它帶有「禪意的外觀、感覺與調調，從互動方式到設計哲學都是如此」，庫柏說。他們的研發團隊創造出這套簡單一如「只有紙和筆」的軟體，遠遠跳離了一般程式設計的既有概念。庫柏說，

OmmWriter「絕對不是文書處理軟體」，因為它故意去掉那些能讓成品美觀的功能，免得寫作者在創作過程中分心。庫柏強調：「說它是文字編輯器，那真是小看它了。」

OmmWriter 不是文書處理軟體或文字編輯器，而是進化成「一個聖所，讓你和你的思緒獨處的地方」。赫雷茲索托的巴塞隆納辦公室是矽谷人和東京人最愛的開放式風格，能夠激發員工合作，但有時會讓人無法專心。的確，這套軟體有一種包覆感，這都要歸功於它「沒有」的東西，例如彈出式視窗、控制鈕和各種選項（選項單由隱藏鍵構成，移動滑鼠才會顯現），以及使用時會出現的東西。例如你每打一個字母，電腦就會發出電子合成的濺水聲，好像鍵盤上有數位的水流過一樣。

的確，OmmWriter 只有兩種字體，但所有文書軟體當中只有它設有曲單，可以聆聽由巴塞隆納音效工程師兼情境音樂家大衛・烏莫（David Ummmo）編寫的旋律。一名使用者表示：「感覺就像布萊恩・艾諾（Brian Eno）設計的文書處理軟體一樣。」

關閉軟體時，它會告訴你所有即時通知即將恢復，並補上一句充滿禪意但令人憂心的叮嚀：**你的心是一隻野猴子**。看到這句話，你會很想立刻重新打開 OmmWriter。

赫雷茲索托採用 OmmWriter 之後，公司裡的文案立刻迷上了這套軟體。沒有人移除 Word 或 Adobe Creative Suite——大家還是需要這兩套軟體將文字轉換成網站——但庫柏發現員工「開始不只用 OmmWriter 寫作，還用它來思考，尋找獨特的概念和點子」。於是，索托和庫柏決定「這麼好的東西不應該藏私」，便將這套軟體重新命名為OmmWriter Dana，於二〇〇九年十一月上網兜售，並於二〇一一年五月推出iPad版。

自二〇〇九年起，已經有數十萬人下載了OmmWriter。庫柏表示，它「讓我們接觸到之前絕對無法認識的客戶，尤其是外國客戶」，還說「OmmWriter現在是赫雷茲索托第一王牌」。對這家走在科技前端的廣告公司來說，OmmWriter是最好的宣傳，因為它講究細節，由色彩治療師挑選作業視窗（「一個能激發創意，一個有助於心情平靜」）、英國攝影師拍攝背景相片，最重要的是，美麗的極簡設計充分展現了他們的科技本領和設計風格。

OmmWriter之所以如此特別，是因為禪軟體非常作者導向。當前的大多數軟體為了行銷之便，非常強調獨特性。同一家公司推出的軟體都會採用同一套設計語言、符號和色版等等，各家作業系統都有自己的規則，並且鼓勵開發者仿效最新版本的外觀和感覺（還記得風行一時的水紋符號嗎？）。但OmmWriter和WriteRoom之類的軟體恰好相反，展現的是個人喜好，許多都是出於特殊需求或是神來一筆的產物。軟體開發者傑西．葛洛斯強表示：「簡單的文字編輯器可能是最好寫的程式。」和其他軟體不同，這種軟體可以由一名或一小群程式設計師來開發和維持。全球的禪軟體開發社群可能只有一支壘球隊那麼多人。為了持續更新Word這個問世二十年的軟體，微軟的開發團隊超過一百人，可以組一個壘球聯盟。然而，就算開發最暢銷禪軟體的設計師偏愛極簡主義（因為白天還要上班，不可能幫軟體外掛太多功能），也無礙於他們加入個人風格。這些軟體雖然簡單，卻都大不相同，就像海明威、錢德勒（Raymond Chandler）和珍奈・溫特森（Jeanette Winterson）風格各異其趣一般。每個軟體都很簡約，又各有特色。

阻絕也是一種提升

禪軟體不只是寫作工具。有些禪軟體能讓你擺脫線上廣告、遊戲、更新和即時資訊，還你一個清靜的空間，調整注意力的焦點。

這類軟體最簡單的只會更動你的電腦介面，凸顯你正在使用的軟體，遮蔽其他程式。基本上，它們就像用虛擬聚光燈打在你正在用的軟體上，只是手法各有不同。Backdrop 和 Think 准許你開啟多個程式，但只會顯示你正在使用的那個軟體，其餘的都置於虛擬白屏後方。HazeOver 和 Isolator 作法溫和一些，只會讓開啟了、但目前擱置不用的程式和視窗變暗，而非消失。Shoo Apps 則是凸顯你前幾分鐘用過的程式，讓你掌握自己的專心狀況。

這些軟體都試圖在專注和切換式作業之間達到平衡。用虛擬的方式凸顯某個程式，能讓其他軟體退到你的注意力邊緣。其用意在幫助你專注於最重要的那幾項任務，而非減少你同時進行的事情的數目。

其他軟體用別的方法幫你專心，那就是切斷網路連結。這些軟體有的是瀏覽器外掛程式，不讓你連到會浪費你時間的網站。Chrome Nanny 和 StayFocusd（這是網路 2.0 時代最 IN 的刻意拼字錯誤）讓你建立一份網路封鎖清單，接著只讓你每天可以連到那些網站幾小時或只讓你連結幾次。完整的軟體則提供你更強悍的網路防堵功能。SelfControl 會關掉電郵，不讓你連到設定封鎖的網站。AntiSocial 會限制你上社群媒體，Freedom 則是將這些干擾統統關掉。Freedom 的開發者承認：「這種解決連結症的作法很暴力。」就算關掉 Freedom 和 SelfControl，它們還是繼續封鎖網路。事實上，即使重新啟動電腦，SelfControl 還是不讓你上網。它是創作力軟體界的無賴。

這些軟體的數量和逼迫使用者專心的手法之多，顯示網路分心症是多麼普及與嚴重，而這些軟體的開發者來自各個領域也凸顯了這一點。Think 是 Freeverse 的思想結晶。這家紐約軟體公司以策略遊戲和 SimStapler 而聞名。SimStapler 是一種很古怪的辦公文具模擬軟體，根據使用說明，它能讓你在電腦上「感受使用『真實』訂書機的興奮與樂趣」。StayFocusd 是洛杉磯「輸送媒體」（Transfusion Media）數位廣告工作室的產品。SelfControl 則是行動家兼藝術家史帝夫．藍伯特（Steve Lambert）的心血。他的作品還包括一份偽造精巧的二〇〇八年十一月宣布伊拉克戰爭結束的《紐約時報》，以及一個用藝術取代網路廣告的行動應用程式。他會設計 SelfControl 是因為「搞創作的人都知道，所有騰出來專心做好一件事的時間都是寶貴的」。

想知道網路就連最有創意的人也不放過，以及他們如何反抗，就要看看 LeechBlock 開發者詹姆士・安德森（James Anderson）的例子。安德森是愛丁堡大學資訊工程和哲學神學雙博士，他可能是世界上唯一能同時在《國際人機研究期刊》（*International Journal of Human-Computer Studies*）和《喀爾文神學期刊》（*Calvin Theological Journal*）發表論文的人。安德森在愛丁堡溝通介面研究中心（Centre for Communication Interface Research）任職了十三年，過去幾年則在北卡羅來納州擔任神學教授。但就連這樣一位資訊工程學家轉神學家，也會花太多時間看 YouTube，並在工作時不斷落入「維基迴圈」裡。「我知道自己必須大刀闊斧採取行動。」他說。

對一位資訊工程博士而言，大刀闊斧只有一個意思，就是寫程式。市面上已經有封鎖網站的程式碼了，但安德森需要更細緻的操控權，因為他的研究主題是電子商務和介面設計，不可能完全離線工作。於是他設計了 LeechBlock，阻擋自己連結到浪費時間的網站。你可以用它來完全封鎖 Stuff White People Like，讓自己工作完連到臉書十分鐘，在工作時給自己一小時，連到 Digg 和 Slashdot 這類混合工作相關資料和瑣碎內容的網站。

安德森說他編寫第一版只花了兩小時，但「之後用了非常多時間改寫」。這套軟體徹底改變了他的創作力。安德森表示：「我心想有同樣困擾的可能不只我一個人，所以就把擴張版上傳了。」

二〇〇七年二月，安德森將 LeechBlock 0.1 上傳到 Mozilla 的 Firefox 瀏覽器的外掛程式集內。那一年，他還發表了關於基督教神學弔詭的論文。一個**阻擋**網路使用的軟體竟然能成為網路瀏覽器的外掛程式，感覺有點怪，但 LeechBlock 的成功，凸顯了對人和對電腦來說，**功能性**的意義可能大不相同。經過三年二十二次更新和「可能幾百小時」的開發及版本紀錄（一番折騰結束，他唯一的感想是「煩死了！」）之後，LeechBlock 的下載次數突破了五十萬。

安德森不是反科技的科技人。當我問他資訊工程和神學有沒有共同點，他回答我說：「其實，這兩門學問的共同點多得超乎一般人想像。我是大量使用左腦的人，因此我的思考模式並沒有變，只是改變思考的主題而已。」對安德森和每天使用 LeechBlock 的那五萬人來說，這套軟體的目的不在於反抗電腦，而是讓電腦效能更高。

Freedom 的開發者佛瑞德．史圖茲曼（Fred Stutzman）也不是反科技分子。他回憶道：「我十歲那年，老爸買了一台早期的 PC XT 回家。」青少年時代，史圖茲曼自學 BASIC 語言和磁碟作業系統，接下來十年則使用 Linux 系統。他看起來就像典型的程式設計師，卻沒有一般程式設計師對人的態度。史圖茲曼在卡內基美隆大學做博士後研究，主題為數位隱私。他在辦公室裡告訴我，比起科技本身，他更感興趣的是「科技如何影響社會行為及人與人之間的互動」。

Freedom 的靈感出自北卡羅來納州教堂山（Chapel Hill）的一家咖啡館。史圖茲曼回憶，那天他正在撰寫北卡羅來納大學資訊工程所的博士論文（當時圖書館學系紛紛改名為資訊工程系，因為大家都覺得圖書館很快就會消失了），那家咖啡館「咖啡很棒，但沒有網路，結果你反而專注得多，因為沒有東西讓你分心」。但與此同時，那裡又「很有社交氣氛」。

然而，自從附近一家店設了無線網路之後，事情就變了。消息傳開之後，愈來愈多人會「抱著他們的手提電腦到咖啡館來坐上好幾小時」。店裡氣氛也變得冷淡許多，並且更商業化，再加上滑鼠一點就有一堆令人分心的事物，要認真工作就更難了。

史圖茲曼需要一個方法讓自己專心寫論文。說來或許諷刺，他的研究主題恰巧是高中生進入大學後使用社群媒體科技的改變。他想到可以設計一個程式阻斷他的電腦的網路連線。中斷蘋果電腦的無線網卡很容易，問題是重新開啟也很簡單。他需要連程式設計師都很難破解的方法。

史圖茲曼說他「大概花了兩小時」就搞出第一版的 Freedom。親自試用一陣子之後，他決定上傳這套軟體，結果引來數千人下載，表示 Freedom 顯然搔到許多人的癢處。記者開始來電，作家如知名編劇諾拉・艾弗隆（Nora Ephron）則盛讚這套軟體能提高創作力。著有《No Logo》和《震撼主義》（*The Shock Doctrine*）的行動分子娜歐蜜・克萊恩（Naomi Klein）也在推特上（語帶諷刺地）讚揚 Freedom。

Freedom 之類的軟體通常被放在聰明工作或提升創作力的脈絡下討論。從這個角度來看，這些軟體就像是資訊時代版的科學管理運動產物。科學管理運動的發起人為弗德瑞克・泰勒（Frederick W. Taylor，泰勒主義便是以他為名）和吉爾布雷斯夫婦（Lillian and Frank Gilbreth，後人對他們的認識主要來自兩人兒子所著的《十二個孩子的老爹商學院》〔*Cheaper by the Dozen*〕）。他們和追隨者為了讓工人更有效率，除了研究人力勞動的動作時間，還重新設計工廠的工作流程，詳細規畫及調整工人的作業方式，並執行獎勵計畫鼓勵高效能的員工。泰勒希望工廠和生產線能像機器運轉一樣有效率。為此，他有一句名言：「系統第一。」只不過泰勒主義者認定工人天生怠惰，因此研發各種方法幫助管理者提升勞工效率，以加快作業速度，提升企業利潤。相較之下，致力減少資訊過載的聰明工作卻是強調自主作業，通常以服務為導向，純粹為了自己好而調整自己。

二〇〇八年，史圖茲曼發表第一版的 Freedom，憑藉著口耳相傳吸引了幾千、幾萬人下載。兩年後他發表了商業版，但內容更動不多。他認為增加功能並不會使它更好用，只會變得更複雜，而這不是大多數使用者所要的。同理，LeechBlock 的基礎碼這幾年也改進了不少，但最新版還是和第一版幾乎相同。赫雷茲索托升級 OmmWriter 時，研發團隊完全無視於增加新功能的呼聲，決定「專心改善視覺和聽覺體驗」，增加新的圖案和音樂，而非字體或編輯工具。他們都曉得禪軟體之所以好用，就在於它限制重重，過度膨脹的升級只會產生反效果。禪和極簡設計能提醒使用者保持專注。

幾年下來，Freedom 的付費使用者給了史圖茲曼許多意見反映，而他所聽到的購買理由，讓我們更能理解禪軟體的好處。首先，Freedom 並不複雜。史圖茲曼表示，隱私和創作力「對電腦而言是很大的難題」，因為這兩樣東西「複雜到無法理解」，無法像一般資訊工程學問題，只要拆成較小的工作、流程或運算法就能解決。人類從事的事情種類太多，作法也難以勝數，不可能有軟體永遠適合所有人。史圖茲曼指出，「我們用許多複雜的系統和程序來管理生產力」，但沒有一個適合所有人，而且其中許多是為了提升組織的生產力，會強加共同的工作模式在個人身上。創意活動是**難解**的，意思是它在理論上可以解釋，卻無法完全描述、解碼，找到最佳化的作法。

然而，Freedom 之所以有用，原因不在它能解決所有上班族的所有問題，這樣只會導致系統過於複雜。它也不強迫使用者徹底改變工作習慣。它只做好一件簡單的事，並且相信使用者有足夠的智慧，能想出最好的使用方法。史圖茲曼解釋道，這套軟體「不要求使用者改變他們對工作的認知與工作方式」，而是保持簡單，好讓「他們發展出自己的系統」

和工作方式，然後「讓 Freedom 去配合他們」。

進入沉思式空間

禪軟體的禪意也很重要。OmmWriter 的佛教元素與冥想空間幫助用戶覺察自己使用軟體的經驗，包括和軟體的互動方式，以及對軟體、對自己的看法。一名用戶形容使用 OmmWriter「就像在禪園裡寫作一樣」。印尼程式設計師兼教師唐諾．拉圖瑪希納於二〇〇七年寫道，使用禪軟體「讓我平靜，『心如止水』，創造出進入『心流』的有利條件」。

對於葛洛斯強、索托和其他禪軟體開發者所使用的空間語言，使用者也是回響熱烈。定居英國的美國科技作家麥可．葛洛豪斯（Michael Grothaus）表示，OmmWrtiter「讓你感覺置身於遺世獨立、冬霧迷濛的雪白大地，輸入螢幕的字好像寫在天空之上」。他還形容，「我一開始用它寫作，不到幾分鐘就再也聽不見倫敦住處外呼嘯而過的忙碌擾攘，方圓幾英里內只剩我和我的思緒。」其他使用者也表示，自己彷彿**同時**脫離了容易令人分心的電腦世界**和**日常生活的常軌，進入「充滿創造力的寫作環境」。一名天主教修士將禪軟體比喻成他當年撰寫論文的圖書館，讓他彷彿又回到那張擺滿書本的木頭桌前，「一道白光照在我的工作區，讓我保持專心。」館裡的「地毯和書架消去了所有聲音，讓我的心靈完全專注於手上的工作」。

不過，禪軟體好用的最重要原因，或許是使用者**想讓**它有用。

微軟的 Word 有許多便宜的輕裝替代品，電腦高手則可以安裝 Linux 系統和開放原始碼工具，其中許多功能不下於市售的文書處理軟體。唯有想斷絕分心的人才會選擇禪軟體，讓螢幕上不再塞滿不必要的功能，以求進入一個寧靜的化外之地，讓你重新察覺自己思緒的神聖，並體會注意力的珍貴。事實上，有一位尼師將禪軟體比作鬧鐘。她說：「鬧鐘會叫醒你，但要不要起床，還是把鬧鈴按掉的決定權在你。」禪軟體有用的一部分原因在於它本身的性質，另一部分在於它代表你追求專注的決心。此外，在購買和學習使用 OmmWriter 或 WriteRoom 的過程中，你會在網站上、使用者意見裡，甚至軟體本身看見很佛教的語言。這不是裝腔作勢，而是加州大學柏克萊分校人類學家喬治·拉可夫（George Lakoff）所說的「形構」——用來展現開發者意圖、設定你的期望、給你一套語言說明自己為何採用這套軟體的材料。

史圖茲曼指出，Freedom 之所以力量強大，還因為使用它「等於跟自己做約定」。下載 Freedom 表示你很重視數位分心的問題，想要採取行動。史圖茲曼推出付費版之後，使用者反而更投入了。他說：「需要付錢這件事強化了約定的感覺。」雖然付費版和之前的免費版沒有太大差別，效果卻好上一截，因為使用者更認真了。此外，史圖茲曼認為使用者啟用後想關掉它，也會想到約定的存在。為了連上網路而重新開機，一定會「讓你開始反省，坐在那裡思考自己為什麼做不到」。事實上，當我開始使用 Freedom 之後，其中一個意外的發現就是：我不會開了它就立刻去拿 iPhone 或 iPad，以備不時之需。我會告訴自己：**不行，我離線是有理由的**。對我來說，將 Freedom 看成是和自己的約定，這點非常有力量。

禪軟體能讓人察覺到自己，這一點可以解釋為何禪軟體發明多年之後依然效果顯著。拉圖瑪希納說，發現 JDarkRoom 四年後，「擁有一個無干擾的環境還是讓我比較容易專心。」安德森發現 LeechBlock 依然有用。他說：「我當然知道怎麼破解它，但這麼做還是得花我很多時間，讓我寧可放棄。另外，我覺得自己已被訓練了。」史圖茲曼還是很倚賴 Freedom。他知道如何避開它的限制，但不會去做。葛洛豪斯仍在使用 OmmWriter，也依然喜歡它帶來的那種「置身千里之外的雪地上」的感覺。不過他補充說，從事比較內省的寫作時，他已經「差不多回到從前，改用默思金記事本了」，因為他發現就摒除雜事專心寫作而言，記事本「比任何電腦軟體都好用」。

使用者形容禪軟體「就像一面心靈的鏡子」啟迪人心。他們不是**使用**它，而是和它一起**創造**一種體驗。史圖茲曼說：「使用者想要相信禪軟體真的有用。」他們的渴望和預期，加上軟體的介面與功能，讓禪軟體效果驚人。

這告訴我們一件重要的事。建構「延伸心靈」不光是增加新的、更複雜的科技，或將認知作業卸載到雲端，而是選擇和善用科技，幫助你的心智建立習慣與認知能力，將心智向外延展，藉此強化它的力量。就像資深飛行員可以憑藉判斷力和經驗，處理自動駕駛模式無法解決（或其引發）的問題，我們培養的心智能力，通常也比數位設備的處理能力更有彈性及適應力。

事實證明，科技的成功有賴於使用者的主動投入。景觀設計師兼多媒體設計師芮貝卡·克林可（Rebecca Krinke）多年來，持續探索有助於沉思的建築與新媒體。她想知道「我們該如何跟設備互動才不會把自己逼瘋？」她認為景觀設計讓我們發現，科技可以幫助使用者更沉靜、更沉思，但人「必須起而行」。她花了十年研究這個問題，最後做出結論：科技無法解決一切。人和科技的交互作用才是關鍵，而非科技本身。追根究柢，沉思式空間是動詞，而非名詞：你可以設計出一個有助於沉思的空間（本書稍後會說明這是什麼意思，以及如何利用這樣的空間），但唯有人用它來靜定心靈時才會生效。沒有人的禪園不是禪園。

換句話說，想要學會沉思式計算，就必須先學會冥想。

3

冥想

Meditate

冥想：實踐、研究、自我觀察

請你盤坐在座墊上，閉上眼睛深吸一口氣，然後緩緩吐氣，讓心靈放鬆。接著再次吸氣，用腹部肌肉舒展你的肺，慢慢數一、二、三、四。試著只注意數字和自己的呼吸，不去想其他的事。屏氣再次數到四，然後吐氣，一樣數到四。吸氣，保持專注，再次數到四。反覆一段時間，你的專注力會開始下滑，心思會飄離數字和自己的呼吸。時間再久，所有人都會分心。不要喪氣，就讓分心自己過去。調整自己，然後吸氣，從頭來過。

上面是簡單版的內觀冥想，主要在讓你認識它是什麼，並且感受其中的困難與好處。世界上有各種各樣的冥想方法，一般人聽到冥想，通常會聯想到一種滿足喜樂的心靈空白狀態。這真是錯得離譜。我練習冥想已經許多年了，但每次練習還是覺得很難。它教了我很多，讓我更認識自己心靈的運作。從維持心靈健康到開發有助於沉思式計算的工具，冥想都是關鍵。雖然我技巧很爛，還是獲益良多。

每天破曉前，家人還在熟睡的時候，我就會戴上降噪耳機到起居室打坐。感覺很像登機前，有一種平靜愉悅的興奮。蓮花坐太難了，我頂多只能盤腿，幸好緬甸式坐姿就是這樣，讓我可以用它來掩飾我的不中用。坐定後，我會打開 iPhone 的 Insight 冥想計時器，閉上眼睛深呼吸，用將近一小時的時間讓自己的心澄清如鏡。

靜思冥想尋求的是什麼？日常生活中，凡是吸引我們的注意力，讓我們專心並感到平靜和方向的活動，我們都稱為沉思。開車、烹飪、聽音樂、滑雪、照顧病患、游泳、禱告、坐在河邊——基本上，所有活動都可能變成冥想與覺察。不過，冥想特別有用之處，在於它能排開沉思以外的一切，讓我們深入它，提升自己沉思的能力。冥想既是實踐，也是研究和自我觀察。

我的身體需要幾分鐘才能安定。冥想不像睡眠，我的身體放鬆但不疲軟，而是平穩自若。坐姿端正要花力氣，就算不夠端正也一樣。身體專注之後，就比較容易澄淨心靈，潛入冥想之中。沉思有身體的一面：雖然一切看似發生在心靈之中，但和其他認知活動一樣，都需要身體的配合。

我坐定不動，開始平緩吐納，每隔幾下心跳吸氣一次，屏息數幾下心跳，然後吐氣。但我的心不想安靜，不想定下來，像個不想睡覺的小孩，不停拋出影像與回憶，拚命找事情做。我讓煩躁自行淡去，重新靜定，想辦法讓心靈的表面平靜下來。有時成功，但通常都會失敗。

沒有什麼比冥想更能凸顯心靈平時有多活躍和紛亂了。人無聊的時候，總以為問題出在心裡沒事可想，也會盡量避免一個人胡思亂想。但當我們真的坐下來**試著**澄淨心靈，卻會發現就算最無聊的時候，也會聽見自己的心在自言自語，有如亂轉頻道一樣，很難關掉它。我盤坐不動，專心靜定心靈，它卻迸出影集《Lost檔案》的片段、齊柏林飛船專輯《神聖之屋》（*Houses of the Holy*）的封面、我該寄給信用卡公司的卡費、某位訪談對象的電郵、電影《飢餓遊戲》某一幕（這是我女兒的錯）、我幾年前寫的一篇關於「郎柏格錯誤」的部落格文章（郎柏格指的是加州大學柏克萊分校資訊工程學家傑佛瑞・郎柏格〔Geoffrey Nunberg〕）、蘇珊・布雷克莫（Susan Blackmore）的《禪與意識之道》（*Zen and the Art of Consciousness*）封面，還有我在天主教城市依萊（Ely）拍的一張書店櫥窗的相片。

計時器響了，代表五分鐘到了。我將焦點轉向磬聲，聚精會神聽它變弱，直到周圍一切消失為止。磬聲停了之後，我想像自己依然聽見它在響。一分鐘後，我發現自己開始想甜筒和線上租片的等候清單。我又破功了。但我放下失敗，重新來過。

最後，我的心總算開始平靜。我感覺一切慢了下來。我不再留意磬聲，不曉得還剩幾次提醒，也不在乎。我開始聚焦於一個非常現代的影像，就是我的大腦活動，而思緒有如一道道烈焰紅光不停閃過，感覺就像功能性磁振造影取得的影像。我的心愈來愈慢，紅光也漸漸消退。我愈來愈專注，大腦開始微微發出白光。又一道思緒竄了出來，留下一道紅色餘光，有如殘影一般。如果我狀況不錯，白光會愈來愈強，我會感到苦盡甘來的那種愉悅，就像爬上陡峭的山頂看見一望無際的周遭一樣。但一部分的我會設法不讓自己興奮過頭或太在意，因為只要一在意，那感覺就會消失。為了維持那感覺，我只需與它同在。

無論在山頂、工作室、車裡或廚房進行沉思活動，都有一個關鍵特點：它們會帶你跳離周遭，進入一種抽離而安定的專注狀態。這樣的安定需要技巧與自制，必須主動，而非被動。冥想時，我的身體不會完全放鬆，也不消極被動，而是坐姿端正，控制呼吸並集中心神。這些都要耗費力氣。我能想到最接近的感覺就是空手道比賽開始前的身體狀態。擺好姿勢，感覺能量在全身流竄，並且下意識曉得自己已經準備就緒，隨時能夠出擊並抵擋對手的招式。

對我來說，冥想很難，感覺更像在健身房做重訓，而不是放空。我覺得熟練的冥想者應該能長時間維持徹底的清明，我卻很難達到那樣的狀態。

雖然我的冥想品質不佳，還是獲益良多。學會不帶偏見重新開始是非常珍貴的才能。冥想者必須培養的關鍵技巧之一，就是百折不撓的能力。這部分我可是經驗豐富，老是在將胡思亂想的心靈拉回正軌。海瑞格在他的經典作品《箭術與禪心》裡提到，他的老師總是叮囑他，射箭時不要背著前一次沒有命中目標的重擔。等他進步了，老師又叮囑他，不要受到前一次命中目標的影響，始終處在當下。專注力會渙散，節食會失敗，計畫會更改，冥想能訓練你從頭再來。

只要能徹底澄淨心靈，清除所有雜念，即使只維持一、兩秒鐘，我就能長時間專注於某件事，讓心靈集中在一個難題上，持續幾小時。我會進入某種狀態，感覺自己的心靈穿透難題，反覆觀察瞭解，完全不用我的意識主動參與。這顆靜定的心能做到我平常心靈無法達成的事情，可以無限專注。當我遁入這樣的狀態，難題就永遠不會從我心裡跳開。就算我去購物或洗碗，也能感覺心靈的某部分持續在處理它。

與此同時，想要分心旁騖的欲望也會消退。我不再急著檢查臉書，看有沒有人回覆我的推特，或保羅．克魯格曼（Paul Krugman）的部落格是不是又有新文章。那種直抵核心、心靈向上躍升一層的感覺一直都在，不會變淡。

冥想順利時，感覺近似強烈的心流狀態。目標簡單，但要達成卻是一道無止境的挑戰。它會改變你的時間感，那感覺既古怪又美好。雖然辛苦，卻又無比的愉悅。它就像工作順利的時候，只是更純粹。全神貫注卻不費力，心思（包括意識和想出有趣點子或優雅詞彙的神祕部位）都集中在問題上，並且感覺解答就在前方。我請教心流之父齊克森米哈伊，問他這兩者的關聯。他說：「心流的確常常包含帶有反思性質的冥想狀態。冥想可以是某種形式的心流，心流也可以是一種形態的冥想。」但他接著指出，處在心流狀態時，你是和現實世界互動，例如棋子、鮭魚、弓箭或修理機車；但冥想時，「難題和技巧都在你心中，因此非常困難。你必須同時駕馭自己的猿心和天生追求新奇與動作的需求。」

的確如此。但當我靜坐觀照思緒時，我感覺那個內在世界並不完全單一。日常生活中，我們多多少少將心和自我視為一個整體。當我冥想時，卻感覺兩者是不同的東西：一個掌控並指揮，另一個喋喋不休，自言自語。藏傳佛教認為心不是鐵板一塊，**自我**也不存在，人其實擁有八種覺識，共同虛擬出自我穩固長存的假象。前五識是五種知覺，第六識是邏輯與分析能力，第七識是猿心，第八識是專注自性，以掌控其他七識。冥想的課題就在於加強第八識和駕馭其他七識。猴子不喜歡待著不動，就算在你心中也不例外。

冥想是數位分心的解藥

冥想是最原始的神經科學，是人類對於神經可塑性最早的探索，也是兩千五百年前對於「數位分心」這個只有二十五年歷史的問題的解決方案。它能幫你重建因為電子沉迷而受損的認知能力，並證明你能從**內在**（藉由觀照練習）和**外在**（藉由慎選科技）來改變自己的延伸心靈。

對於數百萬的規律冥想者和研究冥想療效的科學家而言，冥想有益於化解數位分心並不令人意外。一九七〇和八〇年代，心理學家開始將觀照的方法應用於心理治療上，其中最著名的，就是用冥想對治慢性壓力的正念減壓療法。自此之後，觀照就被廣泛應用於需要在壓力環境中保持高度創意和專注力的領域。老師將觀照引入許多學科，從自然科學到爵士樂都有。教練運用冥想和觀照來提升頂尖運動員的表現。軍事教官和心理學家用觀照來提高士兵戰技，緩和創傷後壓力症候群。就連律師都用觀照來改善協商技巧，賦予法律事務精神上的意義。

冥想對於社會和個人心理的益處早就有所記錄，但長久以來，我們始終說不清人在冥想時到底經歷了什麼。由於冥想具有強烈主觀性，因此一直無法被科學所掌握，直到腦電波儀和功能性磁振造影術之類的工具出現，我們才得以一窺冥想者的大腦活動，並且讓研究者取得客觀的觀察資料，和冥想者的主觀經驗做比較。

研究發現冥想不只讓大腦活動暫時改變，還會重寫它的行為模式。

有關冥想對神經系統的影響，許多突破性的研究成果都來自威斯康辛大學神經科學教授理查德．戴維森（Richard Davidson）率領的實驗團隊。就讀哈佛大學研究所時，戴維森曾經師事拉姆．達斯（Ram Dass）。達斯是前哈佛大學心理學家，和同校另外一名心理學家提摩西．雷利（Timothy Leary）共同做過研究。就學期間，戴維森抽空到印度學習冥想。一九九二年，達賴喇嘛鼓勵戴維森對僧侶進行神經研究。戴維森就這麼一頭栽進這個領域，再也沒有回頭。

戴維森開始研究僧侶冥想時的大腦活動，以及冥想是否會讓大腦結構產生長久的改變。他和其他研究者並不曉得會不會偵測到大腦的變化，因為神經可塑性（成人的大腦結構會因為學習新任務和專業技術而改變）在當時還是很新穎的概念。

戴維森的實驗團隊還想研究一個叫作「伽瑪波同步性」的現象。一九六〇年代初期，研究人員使用腦電波儀（EEG）首次發現這個現象，觀察到大腦會出現大範圍的伽瑪波震盪，尤其當大腦使用工作記憶和知覺或注意力高度集中時，同步震盪特別明顯。科學家發現老鼠在探索迷宮時，大腦伽瑪波同步性會提高，也就是出現大量頻率和振幅相同的伽瑪波。觀看電腦的恆河猴和聆聽樂曲的音樂家的大腦也一樣。伽瑪波影響大腦的範圍會因強度而異，有時只影響某一區（例如玩拼圖時的大腦視覺中樞），有時涵蓋整個大腦。由於伽瑪波同步性提供一個標準時間，供大腦所有部位協同運作，因此它或許有助於大腦統合來自不同感官的訊息，建構出單一的認知經驗。換句話說，它可能是知覺的基礎。

戴維森和同事安東．陸茲（Antoine Lutz）所做的第一份研究，是用腦電波儀觀測僧侶（及作為對照組的大學生）進行一連串冥想練習時的大腦活動。腦電波儀使用連接到頭皮的感應器來測量大腦不同部位的電流動態。馬修．李卡德（Matthieu Ricard）是第一批受試者之一。他是生物化學家，後來還出家為僧，其本身就是以科學方法研究快樂的專家。戴維森請李卡德冥想無盡愛與無盡善（這是藏傳佛教的一種冥想法），腦電波儀顯示伽瑪波明顯增強，左額葉某個部位也活絡許多。那個部位，戴維森已經證實和慈悲心有關。事實上，由於活絡程度太強，研究人員一度以為機器故障了。但他們反覆實驗數次之後，發現僧侶的大腦確實如此。多年的密集練習，讓僧侶的大腦在冥想時以一種高度協調的方式運作著，創造出和注意力或記憶強烈活絡時一樣的腦波狀態。

二〇〇四年，戴維森的研究團隊將他們的成果發表在權威的《美國國家科學院彙刊》（*Proceedings of the National Academy of Sciences*）。之後他們繼續研究僧侶，也研究剛接觸冥想或運用觀照來面對心理或醫療問題的人。他們證實了冥想可以正面而永久地改變大腦功能。冥想猶如彈鋼琴或拉小提琴，會強化大腦的某些部位，就像運動會強化某些肌群和反射神經一樣。說起來，這個結果並不令人意外。我們在數學家、魔術師、音樂家和倫敦計程車司機（他們需要出色的視覺記憶，才能在倫敦街上穿梭自如）身上，也都觀察到大腦功能的改變。神經科學家史帝芬・克斯林（Stephen Kosslyn）指出：「如果你每天做一件事八小時，連續做二十年，你的大腦一定會**有地方**不一樣。」但克斯林也承認他對僧侶能做到的某些事感到「很不可思議」。

當戴維森的研究團隊在威斯康辛麥迪遜的僧侶頭上貼滿腦電波儀感應器時，科羅拉多州也有一組研究人員，在丹佛市北方兩小時車程外的一座山上進行實驗。主持研究的是神經科學家克里夫・沙倫（Clifford Saron），他的實驗室就位在香巴拉山脈中心（Shambhala Mountain Center）的大廳下方。沙倫是加州大學戴維斯分校教授，也是奢摩他計畫（奢摩他是梵文，意思是寂止）的負責人。這個計畫是針對冥想所做的最長期的科學研究。在他的實驗室樓上，三十名學生正在接受為期三個月的密集冥想訓練，指導老師是艾倫・華勒斯（Alan Wallace）。華勒斯的生命道路將他從南加州的一個小男孩帶向朝聖之旅，於一九六〇年代晚期踏上達蘭薩拉（Dharamsala），在西藏皈依為僧多年，接著前往史丹佛大學攻讀神學研究博士，最後又回到南加州主持聖塔芭芭拉意識研究中心（Santa Barbara Institute for Consciousness Studies）。

戴維森的團隊研究擁有數萬小時冥想經驗的僧侶，得到驚人的發現。奢摩他計畫也用了許多相同的工具，主要是腦電波儀和心理測驗，但他們的研究對象不是冥想專家，而是最近剛到香巴拉山脈中心的六十名學生。他們希望以學生的初學者心靈為基準線，測量冥想的影響，更深入瞭解冥想新手的大腦變化。學生離開中心後，有些人會繼續練習冥想，有些會荒廢所學，但所有學生都會透過載有實驗的手提電腦定期接受測驗，再將結果寄回中心——這個計畫花了不少郵費。

沙侖的研究團隊希望測量冥想對專注力、態度與健康的長期影響。奢摩他計畫預計進行十年，現在才過一半，但已經得到不少很有意思的成果。在專注力和知覺測驗方面，受試者抗拒分心（心理學家稱之為反應抑制）的能力增強了。面對科學家設計的各種無聊實驗時，他們專注和維持注意力的能力也有提升。受試者還表示他們變得更能自制、更有調適力。這些發現都符合之前臨床醫學的實驗結果與報告，但由於奢摩他計畫的受試人數更多、時間更長，因此可以更準確測量冥想的效益能維持多久。

更驚人的是抽血檢驗的結果。受試者會定期抽血送檢，以便科學家測量端粒的長度。端粒是染色體末端的DNA序列，有一點像鞋帶末端的塑膠套，功能在於防止染色體剝離或受損。細胞每一次分裂，染色體的訊息載體都會完全複製，但端粒會稍微變短。一旦端粒太短，細胞就會停止分裂。科學家認為端粒縮短是老化的原因，減緩縮短速度可以延長人類的壽命。抽血檢驗結果的驚人之處就在這裡：奢摩他計畫參與者體內產生更多的端粒酶，也就是構成端粒的一種酵素。換句話說，在細胞層面上，他們似乎老化得較為緩慢。

這不是科學家第一次發現冥想有益健康。曾經參與一項為期八週的冥想研究的受試者，於實驗結束後，對流感的免疫力變強了。這項成果不只對於害怕打針的人是一大福音。能有幾週時間接受頂尖冥想老師指導的人很少，能成為僧侶的人更少，但免疫研究顯示，只要每天冥想半小時，就算只做幾週，也能帶來少量但確實的改變。針對正念減壓療法參與者所做的研究顯示，這些人八週後左半腦前側區域變得較為活躍，並出現更多的正向心情。此外，參與者的工作記憶也有改善，可能因為正念需要持續而不刻意地觀照內心，**以至於**必須觀察和記住心靈之前的狀態（你不妨試著回想上一個讓你分心的事物。你可能以為既然才剛發生，應該很容易想起來。真的嗎？）。冥想者比一般人更容易維持專注，並且不容易被單一刺激絆住。冥想或許還有助於提升基本的知覺能力，讓心靈更有餘裕集中在其他事上。

離群索居卻不離線的修行人

換句話說，冥想不只帶來主觀的好處，還會造成大腦的生理改變，進而提升其他認知功能，如記憶和注意力等，並有助於情緒平衡。而且改變是長期的，不會稍縱即逝。但在你照單全收，相信這些技巧確實能幫你解決網路生活的分心與挫折之前，讓我們來看看另一群人。這群人經常使用社群媒體，卻似乎對社群媒體的副作用免疫。他們每天上網好幾小時，卻沒有被社群媒體撩亂了猿心。他們和資訊科技維持某種關係，對社群媒體有充分的主控權。更重要的是，他們對數位分心有著獨特的觀點。

這群人就是寫部落格的僧侶。他們都是受戒的佛教僧侶，每天花許多時間研讀佛經與冥想，花更多時間上傳講經內容到 YouTube，發表部落格文章，管理論壇，使用臉書和推特分享虔心與經義。他們有些人屬於可以過俗世生活、娶妻生子的教派，有些人獨居在亞洲的深山叢林，還有些人長居佛寺。他們都信奉這套古老的宗教信仰，相信佛教能帶領他們脫離欲望、分心與煩憂。但他們對社群媒體和智慧型手機就跟對四聖諦一樣熟悉。

所有宗教都使用網路向非信徒傳教、教誨信徒、進行宗派論辯、管理日常宗教事務，例如敬拜、慈善、清修、朝聖、講道和研讀經文等等。佛教也不例外。全球大約有三億五千萬名的佛教徒，在泰國和日本等國更是國家文化與形象的象徵，直到現在還有僧侶在有上千年歷史的佛寺為人誦經念佛。雖然佛教發源自特定地區，但僧伽（意思是出家眾）自二十世紀就變得更加流動和多元。其中一些改變是戰爭和革命的結果。冷戰期間，共產政權關閉了西藏、越南和柬埔寨的佛寺，僧侶（其中最有名的是達賴喇嘛）和大批流亡者逃到了歐洲、澳洲或北美洲。所有西藏宗派都在印度重建，達蘭薩拉和南卓林（Namdroling）兩地更在過去五十年成為全球佛教重鎮。想像英國第二次世界大戰落敗，將牛津和劍橋大學的教授統統送到加拿大落磯山上，就是這個意思。僧團交流使得原本各自為政的佛教宗派開始往來，僧侶和科學家的對話與合作也提高了佛教在西方各個圈子的名聲。

雖然一般人對佛教的印象總是紅袍與焚香，但這個宗教接納和使用資訊科技的歷史，已經長達數千年。佛寺從七世紀就開始嘗試木版印刷和版畫（在木版上雕刻或鐫刻圖案和文字），世界上第一本印刷書就是佛教的《金剛經》。中國的僧侶和學者使用相同的技術，花費數十年工夫製作《大藏經》和其他佛經，並於十世紀時將經書傳往西域、蒙古、日本與朝鮮。佛教徒運用印刷技術的歷史悠久，目前又努力在全球開枝散葉，自然瞭解網路對於傳播信仰和聯繫信徒的價值，這點毫不意外。

佛教徒使用社群媒體、撰寫部落格和設計網頁，以提高佛教的網路能見度，背後的理由很簡單。僧侶部落客應法比丘向我解釋道：「想要分享，就要到人多的地方。」他第一次嘗試上傳影像到 YouTube，雖然品質粗糙，卻在短短一週內吸引了一千名瀏覽者，他立刻明白這是接觸信徒的強大管道。其他僧侶部落客也是數位國度的第一代子民。他們透過網站和論壇學習冥想和佛教教義，其中一名美國尼師部落客當初就是在網路上發現了禪山僧院（Zen Mountain Monastery），後來更在那裡受戒、修行了八年。應法比丘說，網路是太重要的訊息來源了，現在「寫書介紹佛法卻不提供 PDF 檔，根本沒戲唱」。

在僧侶部落客眼中，網路是價值驚人的發表工具。一位部落客說，無論對僧侶或剛接觸佛教的人來說，「能隨時取得佛陀的教誨都是一大福音。」另外一名僧侶告訴我，網路「對我尋找經文、思考、背誦和傳播經文非常有用」。一位使用 Kindle 的年長僧侶更指出 Kindle 的輕盈、好攜帶，真是造福世人。

無論建立虛擬社群或凝聚現有的出家眾，網路都非常便利，進而鼓勵了僧侶在網路上進行各種嘗試。佛教徒兼加州山景電腦歷史博物館（Computer History Museum in Mountain View）策展人蘿倫．席爾瓦（Lauren Silva）解釋道：「身為佛教徒，擁有社群是絕對必要的基礎。」當然有一些僧侶離群索居，但席爾瓦女士指出：「佛教的創立與興盛，都奠基於將經文和修行融入社群之中。」許多冥想中心和佛寺都有專屬網站，其中最主要的網站都有來自全球各地的瀏覽者。蘿倫回憶自己代表當地冥想中心回覆電郵的經驗：「我們會收到來自拉脫維亞或澳洲內陸的人來信，說：『我從來沒見過佛教徒，但自從我在你們網站上發現佛陀的教誨之後，就開始練習冥想。我現在有一個小問題想要請教你們。』我們每次收到這樣的來信都覺得不可思議。」網路凝聚社群的潛力大得驚人，就算有分心的風險也值得接觸。

然而，對於線上社群能不能取代真實社群，以及虛擬經驗是否和每日勤修正道一樣有益，僧侶們卻抱著幾分懷疑。佛教徒非常看重「修行」，他們面對修行的態度就和音樂家練習樂器一樣，是所有高層次表現的必要基礎。佛陀要信徒親身檢驗祂的教誨，不要盲信。誠如應法比丘所言：「佛教是內在的路，不是外在的顯露。網路只是資源，不是修行的一部分。」我訪問過一名信徒，他只要覺得自己上網讀了太多東西，需要多一點時間冥想，就會放下電腦。「夠了就是夠了。」他說得輕鬆自在。

一名美國尼師告訴我：「文字的力量永遠比不上親身體驗。」一名芬蘭籍禪僧也指出，雖然「虛擬世界能幫助佛教徒修行，卻遠不及現實生活中的鍛鍊」。應法比丘也表示：「我們永遠不能將網路視為內觀修行的唯一來源。身為佛教禪修者，如果認為線上社群是個人修行最主要的部分，我認為是一種虛妄。」因此，網路是為了通往更深入的修行，本身不是目的。

僧侶和尼師的個人上網時間通常很緊，日常的修行作息大大限制了他們的上網時段。一名僧侶說：「我每天都很忙，有其他更重要的事情要做，不可能一直坐在電腦前看可愛的貓咪。」我訪談過幾位僧侶和尼師，他們都只有晚上才能上網，而且通常只有桌上型電腦，沒有筆電，因此比較容易將網路生活和現實世界區分開來。少數擁有筆電的僧侶或尼師也只擺在桌上用，甚至還有一個人將筆電收在衣櫥裡。他們往往使用舊款電腦，不僅顯示他們對科技抱持「有用才用」的觀點，也意味著他們預算有限。

手機是徹底不受歡迎的用品。第一位以色列出生的尼師雀吉．利比（Choekyi Libby）說：「我有手機，但不會黏著它。我不太常用手機，別人也不是隨時找得到我。我不喜歡無時不刻跟人保持聯繫。」錫蘭比丘三摩泗多（Samahita）曾經收到一名信徒送他的手機，但他覺得不可思議，心想：**我需要打給誰**？再說，他隱居的地方收訊也很差。應法比丘會用手機的相機功能，但是斯里蘭卡的電信公司避免在寺院附近架設基地台，收訊通常不好。其他地區的寺院沒架設電話纜線，可以使用手機，但和電腦一樣，只擺在房間裡。手機振動錯覺在僧侶之間是聞所未聞的奇談。

對僧侶而言，上網能幫助他們持守戒律。丹曲旺姆（Damchoe Wangmo）說，瞭解西方新聞是「產生愛與慈悲的好方法」，因為讀到那些消息「會讓我的問題看起來微不足道」。應法比丘認為，線上互動是佛教精髓的展現，讓他可以行善而不執著。「其實我不會在網路上和人建立連結，我只是提供協助，幫完立刻放手向前，毫無罣礙。」我想起兩個和尚過河的故事。老和尚將美女背到河對岸，小和尚火冒三丈，憋了幾小時後終於忍不住開口，問老和尚怎麼可以違反男女授受不親的戒律。老和尚回答：「我早就把她放下來了，**你**怎麼還背著她？」

僧侶部落客認為線上互動很重要，但不高於現實世界，對資訊科技採取「有用才用」的觀點，並且盡量減少和設備的交纏，讓他們在使用設備時能役物而不役於物。但他們是如何經營部落格、在推特發文、回答新手問題、應付不良的線上互動，又不失去內在的平衡和專注力的呢？

讓我們拿三摩泗多比丘做例子吧。他講解佛學的貼文在社群媒體世界總是一呼百應。他通常每一、兩天發表一篇文章，只要貼出來，幾分鐘之內就會在臉書動態牆、推特、Google+動態頁和網路論壇被人瘋狂轉載，連競選廣告也望塵莫及。三摩泗多（比丘是巴利文，意指和尚）設立了「佛陀說」（What the Buddha Said）網站，在網路世界深具影響力，每年點閱數高達數萬次，訪客遍及美國、印度和馬來西亞。全球有八千人訂閱他的每日課頌，主要是南傳《大藏經》的經文。這部經書是佛教最古老、最受崇敬的佛典。

為了經營網站，三摩泗多每天花數小時上網，通常在清晨或傍晚。這些事已經夠多、夠忙了，但更誇張的是，這一切都是在斯里蘭卡一個偏遠地方完成的。三摩泗多是遊僧，錫蘭有幾千名僧侶和他一樣，效法佛陀當年在林中度日尋求解脫。遊僧通常住在小屋、洞穴或小水泥房子裡，按照傳統至少必須距離尋常村落五百弓，在村民聽不見也看不到的地方獨居。他們和早期的基督教「曠野神父」一樣，追求純潔的苦行生活，沒有寺廟、城鎮或其他同胞提供的舒適與便利。他們每天睡四小時，冥想八小時，完全遵照南傳律藏的兩百二十七條戒律生活。

過去十年，三摩泗多都住在一間名為柏木庵的白色小屋裡。小屋位於斯里蘭卡中央山區，海拔一千兩百多公尺，必須開車經過一片茶園，然後循著一條又窄又陡無法開車的泥土路才能到達。指示小屋位置的地圖上有一句話警告訪客：**待在茶園，不要進森林；一路往上，不要往下**。三摩泗多每個月會步行到鎮上採買，可能那時候才會見到人，訪客每年只會出現一、兩次，但他每天都會花四、五小時坐在惠普 Pavilion dv7 手提電腦前。他的電腦兩邊都是大窗戶，有時風景美得令人屏息。手提電腦和網路都靠太陽能板和附近溪水的微型水力發電裝置供電——下次，當你自己更換列表機墨水匣而自認是什麼都一手包辦的科技高手時，記得想想人家是怎麼做的。

三摩泗多是如何維持這兩種看來天差地別的生活方式？我們一開始先用電郵往來，我問他遊僧生活的好處和難處在哪裡。他回信說：「實踐正道是最大的好處，也是最大的挑戰！」住在斯里蘭卡的森林裡是什麼感覺？「平靜安寧、快樂單純，」他回答：「微笑在林間。」其他回覆包括電報風格的短句、詩句摘錄和超連結。他的英文無懈可擊，我卻有一種感覺，覺得自己在和一個已經不太需要文字的人交談。那感覺就像在跟尤達（Yoda）

大師說話，只不過這個尤達來自北歐，而且個子很高。

三摩泗多生於丹麥，出家之前，是熱帶疾病和傳染病醫師，也是丹麥科技大學的生物資訊教授。生物資訊研究需要設計各種工具來分析醫療與健康的大量數據，從DNA股、世界衛生組織的新興傳染病數據，到沃爾瑪銷售的感冒藥，都在他們的分析之列。這在二十一世紀初是潛力無窮的領域，非常適合充滿雄心壯志的研究人員。但三摩泗多對於自己的生活很不滿意，開始出現憂鬱的症狀。雖然身為醫師，他卻拒絕服用抗憂鬱藥。一次偶然的機會，他遇到一名西藏僧侶，開始嘗試冥想，結果不但治好了他的憂鬱症，還讓他瞥見新生活的曙光。二〇〇〇年，他設立了「佛陀說」網站，並於隔年離開哥本哈根的實驗室，前往斯里蘭卡的佛寺修行。兩年後，他正式受戒出家，搬到了柏木庵。

三摩泗多的轉變非常驚人，而我認為是一個好預兆。如果一個原本習慣每天與大量數據為伍、並且隨時在醫院待命的人，都能脫離充滿分心科技的日子，過起悠遊於靜謐森林和網路世界之間的生活，那我們其他人，或許也能在使用科技時變得更具沉思一點。

我問他，使用網路這樣一個太多人覺得很容易令人分心的東西，以及教授佛學這樣一個致力去除分心與欲望的信仰，會不會覺得互相矛盾？他回答：「只要無所欲、正確使用（這一點沒那麼容易），就能像蓮花出污泥而不染。」蓮花在佛教是「清淨」的象徵，因為它就算身處潮濕也能綻放美麗，而且花瓣非常能耐髒污（這要歸功於花瓣的奈米結構，科學家是到最近才掌握它的構造）。

當然，許多人會說自己得了設備成癮症——「黑莓快克」（CrackBerry）這個綽號可不是無中生有——但在佛教教義裡，欲望（貪，意思是「渴求」）是受苦的根源。佛陀就曾指出貪念「永遠無法饜足」，總是「四處尋求新的歡娛」。滿足貪念只能暫時緩和它，但貪念一定會捲土重來，而且更加飢渴。某位女士的說法就是很好的寫照。她說：「我只是上網看一下新聞就好。」但一小時後她還在網上。

分心不分內外

所以，我問三摩泗多比丘，每天花四、五個小時上網的人，真的可以瀏覽網路而思緒**絕不亂飄**嗎？他起初似乎不瞭解我在問什麼。「無論內在的記憶和回想，或外在的世界、資訊科技與電視，處理方式都一樣。」他說分心就只有一種，和源自哪裡無關。

我想我可能沒解釋清楚，便又重問一次。網路特別難應付嗎？他說：「和這裡的美麗與寧靜相比，網路很吵，又很無聊。」

我有朋友連過個紅綠燈都需要檢查電郵。但現在有一位醫師——還在歐洲最好的大學當過教授，換句話說，他是那種最該隨時補充資訊、連一分鐘失聯都難以忍受的人——

卻心平氣和地說，和一間位在荒山野嶺的兩房小屋比起來，網路無聊得很？

這其中顯然大有學問。

我又訪問了另一名僧侶。應法比丘是佛教世界的社群媒體企業家。他的「道在內心」（Truth Is Within）YouTube頻道訪客高達一百多萬人，而他上傳的影片從冥想法門、佛經探討，到他禪修處附近的未完工度假中心都有。他還會回答瀏覽者提出的問題，例如人可以殺死害蟲嗎？僧侶的法號是怎麼來的？等等。

這些影片都是用佳能Vixia HF200數位攝影機拍的。那是他一名美國學生送他的禮物。大多數僧侶的科技用品都是信徒供養的，有些是直接贈送，有些來自供養僧侶的慈善基金。應法比丘設立網站，撰寫維基百科條目，錄製網路廣播，主持線上讀書小組，讓他持續和全球各地的信徒與僧侶進行數位對談。「問問僧侶」（Ask a Monk）系列影片就是其中一項成果。他說：「我有幾次冥想還是跟線上小組一起做的呢。」身為佛僧，這些線上活動現在是他的主要工作。「我不蓋茅草小屋，而是打造線上社群。」

錄製影片、寫部落格、和學生視訊及回覆電郵，會不會讓他應接不暇？應法比丘說不會。「我以前偶爾會覺得自己分心了，我想那是因為當時的生活實在令人沮喪。但我現在待的地方很舒服，可以平平靜靜做事情，除了每天早上瞄一眼新聞之外，我根本不會多想什麼。」

應法比丘將分心和沮喪連結在一起，這一點也並不令人意外。憂鬱症的臨床症狀之一就是無法專心。根據我自己的經驗，憂鬱和分心往往互相加強，對高教育程度或高成就的人尤其如此。憂鬱會妨礙工作，進一步增強精神倦怠，也就是邱吉爾口中的「黑狗」狀態。對我們大多數人來說，應法比丘覺得「很舒服的地方」可能一點也不完美。那裡常有蚊蟲騷擾，雨季還有水蛭，蛇和蠍子也是問題。猴子（真的猴子，不是心裡的）「有時候很煩人」，因為牠們很聰明，而且不怕人。但「比起和人生活在一起的壓力，這些根本不算什麼」。

應法比丘住在庫利（一種小屋）裡，離三摩泗多比丘只有幾英里遠。他和三摩泗多一樣，離開了充滿數位連結的西方文明，到叢林過起苦行生活。他在加拿大出生長大，家人是「有名無實的猶太教徒」。大學期間，他到泰國旅行，認識了佛教。他在加拿大的佛寺修行了一年，接著回到泰國受戒出家，最後落腳在斯里蘭卡。

應法比丘大量接觸科技，讓他和其他認為遊僧不應該花那麼多時間上網的僧侶格格不入。雖然佛教徒應該摒棄世俗的事物，但有助於弘法和習佛的東西不在此限，因此擁有電腦還可以接受。不過，應法比丘也承認：「我想我沒有資格稱為遊僧。其實我也不曉得我這樣的僧侶該叫什麼。」然而，科技讓他在修行生活和弘法熱情之間取得了平衡。「上網讓我一下就能連結到全世界，我可以在俗世行善又不受俗世的羈絆。」這也說明了他為什麼選擇 YouTube 和串流影片，而不使用其他社群媒體。「我試過臉書，但實在看不出一個反社會的僧侶要交那麼多『朋友』幹嘛，推特我也覺得沒意義。」

印度西南部有一間南卓林寺，位於三摩泗多和應法比丘的僻靜小屋西北方五百英里處。佛寺裡有五千名學生，丹曲旺姆是其中之一。她已經在此求學九年，還剩一年，畢業後希望教授佛經，將經書譯成英文。由於佛教學院供電不穩，經常停電，加上課業負擔，丹曲旺姆很難有固定的上網時間，但她仍然設立了「尼說八道」（Nun Sense）網站，讓考慮出家的佛教徒「瞭解修行生活大概是什麼模樣」。她還主持一個線上僧眾小組——沒錯，佛僧也有自己的地下網路。

丹曲旺姆在加拿大長大，父親是長老會牧師，母親是主日學老師。她說小時候在教會，她「都會把聖餐杯裡的葡萄汁喝完」。但高中時，她不再上教會——她告訴母親，她不再相信從前學到的一切——但還是對宗教很感興趣，不久後便認識了佛教。高中畢業後，她在溫哥華習佛，到台灣和達蘭薩拉教書，之後回家思考未來，最後在二〇〇一年來到了南卓林寺。

我拿數位分心的事請教丹曲旺姆。她告訴我說，認為「分心來自外在影響而非內在狀態」的想法是錯的。只要心不專注，就會被手機和網路的提示音吸引，但分心不是提示音造成的。分心不是來自外在世界對清淨內心的干擾，日常的凡心本身就很會分神。

我拿同樣的問題請教其他僧侶和尼師，他們的第一個反應是困惑，然後是不可思議。有些僧侶一開始聽不懂我的問題，我得向他們解釋我覺得明顯到極點的事情，跟他們說科技是很特別的一種分心來源。解釋清楚後，許多僧侶都直接反問：你為什麼覺得分心來自科技？鍛鍊心靈沒有別的目的，就在於對這種事免疫。一名僧侶說得好：「不管有沒有個人電腦，人都會分心。」三摩泗多也深表贊同。他說，外在的分心來源如科技，「比內在和心靈所產生的分心要容易應付得多。」

正由於這種態度，僧侶對禪軟體都沒什麼感覺，只覺得這個詞很有意思。丹曲旺姆說：「我想這些軟體立意良善，因為它們認定使用者想要自我克制，但也同時表達了一個錯誤的觀點，認為分心來自外在影響而非內在狀態。」

一名美國尼師告訴我：「靠程式和封鎖都沒問題，但我們終究必須鍛鍊自己的意志力。只有我們能為自己和自己所做的事負責。」一位老和尚也說：「心靈清淨必須自己努力，不會從天而降，也沒有速成祕方。你必須找出方法、每天執行，直到好處出現。」誘惑強大時，你可以關掉軟體，但這麼做可能會成為拐杖，而非真正的助益。隱居緬因州森林的尼師葛里芬（Sister Gryphon）說：「當我們清楚看見並瞭解自己和自己的實相，糾結就消失了。」三摩泗多說：「所有人遲早都得挺身面對，設法抑制喋喋不休的猿心。」

可是，如此遠離塵世難道不會，呃，**無聊**嗎？對我們大多數人而言，僧房內的那台電腦可能是唯一讓我們感興趣的東西。是什麼心態讓人的看法產生了一百八十度轉變?三摩迺多的美國朋友強納森．柯波拉（Jonathan Coppola）說，我必須明白「捐棄俗世是賺到，不是虧本」。對僧侶而言，捨棄世俗事物不是練習自我規範，也不是追求抽象的「清淨」，而是為了解放自己，讓自己擺脫無關緊要的雜務，以便全心投入真正重要的事物。

瞭解這一點後，僧侶的答覆就明白多了。重點不在抗拒網路的誘惑召喚。僧侶的回答饒有深意，凸顯了分心的力量比不上專心。柯波拉問：「分心又能帶來多少滿足?當我處在當下，吐納觀照，難道不比在YouTube上看貓咪叫更讓人平靜和喜悅嗎?答案當然是肯定的。」就是這一點讓僧侶能清明地使用電腦，找出練習慈悲與放下的方法，讓網路沉迷或數位分心的問題消失於無形。澄明如鏡的心不需要貓咪影片。

當我們認為日常生活充滿虛妄，生命之苦便來自於此，只會引人不幸;當我們花費數年鍛鍊心性，去除錯誤的執著與信念，全心學習觀察當下和感覺，不帶預設與成見，原本令人眼花撩亂的網路，那個我們關不掉的原始蜥蜴大腦照理無法抗拒的東西，就會變得一無是處。我們沒幾個人能做到這些僧侶的境界，但我們依然能將他們的洞見帶入我們科技超載的生活中。佛教徒研究心的運作長達幾千年，如果他們說分心來自心裡，而非心外，那我們最好認真看待。

科技的影響vs.內在的沉思

猿心的概念到現在依然適用，感覺有點奇怪。畢竟佛教是印度在兩千五百年前發展的信仰了。那時的生活跟我們現在這個過度連結的切換式作業世界有什麼關聯？事實是，關聯可大了。

即使是兩千五百年前，薩滿、隱士、預言者和聖徒也已經存在甚久，我們現在認得的一些沉思技巧也肯定出現了。不過，這些技巧不是沒有記載，就是祕而不宣，只有內部人士和行家才知道。相對地，公元前六世紀出現的佛教和道教冥想技巧卻廣為流傳，很容易親身試驗，旨在讓冥想成為人人可學可得的靈性鍛鍊。有助於沉思和淨心的永久機構也很快出現：先是印度教精舍和耆那教的寺廟，之後是公元前二世紀猶太教的艾賽尼派修道院（Essenes）。

沉思為什麼會在現代蔚為風潮？一九四九年，德國哲學家雅斯培（Karl Jaspers）發明了**軸心時代**一詞，用來指稱公元前八百年到兩百年這一段靈性和哲學創造力驚人的時期。他主張「人類的性靈基礎」，在這時期「同時在中國、印度、波斯、猶太和希臘各自建立起來」。這些地方的學者追問一些深刻的問題，如人是什麼、人如何認知世界、如何跟他人及世界建立關係。英國宗教學者凱倫・阿姆斯壯（Karen Armstrong）指出，希臘哲學家、佛僧、猶太祭司和儒家學者「拓展了人類意識的邊界，在自身的存在核心發現了意識的另一面，並且加以提升」。現代人對於「人是什麼」有更寬廣的認識，沉思的興起正是其中之一。

面對帝國擴張、政治動盪、環球貿易、移民潮和都市化所引起的騷亂，古人用沉思作為回應。無論戰國時代、古希臘或希臘、羅馬和波斯爭搶的中東，生活都是動盪而殘酷的。承平時，城市提供種種悅人的消遣和數目不斷增加的分心事物。軸心時代的哲學家和靈性導師，不僅高舉理性及非暴力來回應這些試煉，更重新定位宗教，將信仰從英國宗教哲學家希克（John Hick）口中的「維持宇宙秩序」——使用儀式和獻祭來確保豐收及四季平安等等——變成個人的提升與啟蒙，藉由培養以色列社會學家艾森斯塔特（S. N. Eisenstadt）所謂的「超驗意識」，來擺脫混亂、殘酷的短暫生命，創造更美好的世界。超驗意識能讓我們跳離世界（有時真的離群索居，就像某些僧侶或隱士，但多半停留在心理層面），用不帶偏見和預設的眼光審視世界，也就是清明地注視、沉思這世界。

軸心時代結束於公元前兩百年左右，但複雜的社會、環球經濟和帝國依然持續演進，致力於開發記憶和沉思技能的機構與場所也不斷出現。西方的修道院、教堂與大學都演化成支持和強化專注力的巨大機構，提供一個管道讓我們擺脫塵世，卻也仰賴塵世。中世紀在巴黎、波隆那、牛津和劍橋成立的大學，一方面豎起高牆，擋開世俗生活的分心事務，另一方面又歡迎學生、捐獻、皇家資助，以及紙張、科學儀器與書籍之類的高科技用品。

歷史學家主張人類永遠無法抗拒科技。從紙的發明開始，科技不斷改變人類的大腦和思考方式，網路只是最新的例子。他們只說對了一半。為了回應生活的混亂、複雜與科技改變，人類還創造了沉思來幫助自己集中心智、鎮定、恢復專注。世俗的分心事務和沉思彼此關聯，相互塑造。因此，古代的沉思技巧會在現代這個過度分心的世界找到知音，一點也不奇怪。沉思正是為了這樣的世界和這樣的心靈而存在。

4

去程式化

Deprogram

回想你擁有的第一台電腦，回想你買下它的年代。它的處理器速度多快？硬碟多大？記憶體容量多少？現在換成你最近買的電腦。平板或智慧型手機也可以。兩者之間的差距就是個人電腦在你生命中的變化程度。

如果你想更專業一點，可以輕鬆算出你第一台電腦和最近買的電腦經歷了幾次摩爾定律。依據摩爾定律，電腦微處理器（電腦的心臟）的迴路密度大約每兩年會增加一倍。因此如果兩台電腦相隔十年，就代表五次躍升，也就是迴路密度變成十年前的三十二倍，兩年後將變成六十四倍，再兩年後又會加倍。

電腦愈來愈便宜、愈來愈強大的想法不是空談，也不是科幻小說，而是所有人都親身經歷到的科技現實，連我的小孩也見證了電腦的巨大變化。我家的長女目睹了無線網路的勃興、廉價智慧型手機的誕生、臉書和五次摩爾定律躍升。部分未來學家指出，到我女兒大學畢業時，她所購買的電腦的智力和記憶將會和她不相上下。

現在想想你的大腦。它也有摩爾定律嗎？也會指數成長嗎？的確有，但那發生在你出生前，在嬰兒期與學步期也會大幅成長。你現在知道的事情比你買下人生第一台電腦時還多嗎？你能想起的回憶比當時多嗎？過去幾年，電腦變得愈來愈快、愈來愈便宜，你覺得自己的大腦也會變快，儲存更多資訊嗎？

答案可能是沒有、沒有、絕對不可能。電腦的處理速度遠高於人腦，而且不斷以等比級數躍升，變得更複雜又更簡單，更強大又更輕巧，而我們只會變老。科技變革的速度實在令人印象深刻，甚至有些害怕。和電腦共存改變了我們對自己、對智力和記憶的看法，但這些改變大多數是負面的。

看見虛擬版的自己

二十年前，美國史丹佛大學教授拜倫・李弗斯（Byron Reeves）和克里夫・納斯得出一個驚人的發現：人會用對待人的方式對待電腦。就算再不熟悉電腦的人也知道電腦沒有感覺或人格，但李弗斯和納斯用一系列精巧的實驗，證明了使用者會無意識地採用社會規範與常模和電腦互動。比起使用女性語音的電腦，我們會覺得使用男性語音的電腦更有能力，尤其是談到科技主題時。我們對於和自己同族群的電腦「模擬人」（想想《雙面麥斯》〔*Max Headroom*〕的例子）會更具信任感，甚至會對電腦講禮貌。一份研究顯示，使用者測試某個電腦程式後，如果使用同一台電腦打分，分數會比使用別台電腦或紙筆打分還高。電腦會回應人、和人互動，讓我們很容易產生聯繫感，就像我們會把狗看成人或同情汪汪大眼的貓咪一樣。

由於下意識將電腦看成人類，我們很容易將電腦的突飛猛進跟自己的龜速演化相比，覺得自己矮了一截。加上電腦愈來愈懂得回應人、與人互動，變得更有彈性、更會和人打關係，使得電腦對人的影響愈來愈大，我們和我們所創造的數位設備，差距也愈來愈遠。

因此，若想和資訊科技建立更好、更省心的關係，就必須瞭解電腦如何程式化我們。若想掌握科技如何影響我們對自己的認識，就必須踏入虛擬世界。說得更精確一點，就是走進史丹佛大學虛擬人類互動實驗室（Virtual Human Interaction Laboratory）的虛擬實境室。

實驗室主任是通訊學教授傑瑞米・貝倫森（Jeremy Bailenson）。他可能是史丹佛大學唯一擁有以他為題的 iPhone 應用程式的正教授。不過，實驗室的位置更能說明他在這個領域的學術地位。矽谷的房價貴得嚇人。史丹佛大學占地遼闊，卻非常擁擠，爭取實驗室早就從明爭暗鬥變成血淋淋的肉搏戰。然而，貝倫森的虛擬人類互動實驗室卻占據史丹佛大學羅馬風格主四合樓頂樓的數個房間，校長的辦公室就在隔壁樓。地點很重要，就算老是泡在虛擬世界裡也一樣。

我在實驗室另一頭的電梯前和「導遊」寇帝・卡魯茲（Cody Karutz）碰面。他帶我走過橘色的接待室，經過一台 3D 電視機和幾本貝倫森和吉姆・布拉斯柯維奇（Jim Blascovich）合著的《無限實境》（*Infinite Reality*），一起踏進主虛擬實境室。

這裡是全球頂尖的虛擬社會科學研究重鎮，這個新興領域研究人在虛擬實境中如何互動，並使用虛擬實境來瞭解人的日常行為。貝倫森的實驗室鋪著質樸的地毯，裝潢的顏色也不大膽，乍看很像沒有窗戶的飯店會議室。寇帝有著研究人員的專注熱情和校園諮商師（他大學暑假的工作）的輕鬆熱誠，他指出房裡有三台動作控制儀和八台攝影機，牆後有二十四個喇叭連到一個音響系統，方便研究人員操縱房裡的聲音，讓聲音感覺小很多或大很多。地板裝了可以讓地板震動或搖動的低頻傳感器。我以為入口有斜坡是為了方便輪椅進出，沒想到是因為底下有硬體。衣櫃是伺服器室，裡面塞了八組高效成像器和一大堆電線。我不禁想到某部間諜電影裡主角走過骯髒陰暗的市場攤位，打開一扇破門走進燈火通明的指揮中心的場景。

房間中央擺著一個三腳架，上頭是一個泡沫聚苯乙烯做的頭顱，和一個虛擬實境頭戴裝置，由兩個小型高畫質顯示幕、一個加速規，和一個協助動作控制儀計算使用者在房內位置的紅外線裝置組成。雖然看起來像是七拼八湊的玩意兒，價錢卻和一輛高級轎車差不多。我立刻充滿興趣，卻又很怕弄壞它。無線頭戴裝置「更新世界」（我喜歡這個說法）的速度不夠快，無法防止數位暈眩症，因此他們用了一條有如黑色馬尾的光纖，將裝置連到一整架的伺服器上。若系統速度太慢，跟不上使用者的動作，使用者就會暈眩，形成數位暈眩症。

研究人員啟動頭戴裝置。為了方便觀看，他們用投影機將頭戴裝置顯示的畫面投影到對面牆上。他們還將建築師建造實驗室時所建立的 AutoCAD 檔案轉換成虛擬實境碼，以便視實驗需要增加鏡子、房門或其他東西。投影機現在顯示的畫面是對面的牆壁，有一點歪，接著突然晃動得很不自然，原來是女助理傾斜頭戴裝置，將它拿起來要我戴上。

我閉上眼睛，她將裝置放到我頭上，調整束帶，免得這個價值四萬美元的玩意兒從我腦袋上飛走。我睜開眼睛，見到房間的複製影像，幾乎和真的一模一樣，只是寇帝消失了。我向前伸直雙臂，什麼都沒看見。房間還在，我卻隱形了，而寇帝則變成沒有形體的聲音。你很難不注意到這些「消失」，因為房間看來**真的**太真實了。不是因為它栩栩如生——它本來就是精確複製，和電視上看到的電腦動畫一樣，有一種人工的銳利感——而是因為我看到的影像會隨著我的動作完美改變。我轉頭就會看到門，看到中控室的窗戶，房間角落也在它確實該在的位置。大多數人都以為這是高畫質影像的功勞，但寇帝向我解釋，好的虛擬實境和出色的虛擬實境的差別其實在追跡。就算是用紙板雕出來的世界，只要轉換流暢，看起來就比美麗精確但震動搖晃的世界還要真實。

地板震動了。我低頭一看，只見前方地板打開，露出一個很深的金屬坑洞，底部用油漆寫著「請勿跳入」。我理智上當然曉得不可能發生這種事，身體卻覺得自己真的站在鋪著地毯的航空母艦甲板上，低頭望著飛機庫，感覺心跳加速，腎上腺素飆升。寇帝解釋說，他們用這個方法讓人體會真正的虛擬實境是什麼感覺，結果很有效。坑上架了一塊小木板，寇帝要我走過去。我開始小心翼翼往前走，走到一半才發現自己竟然張開雙臂保持平衡。

貝倫森的研究團隊打造了這間實驗室，因為人會不由自主地將虛擬實境視為真實世界。傳統的科學實驗室是一個自存的小宇宙，研究者可以改變物理系統內的某項變數，然後觀察結果，但貝倫森發現在虛擬實驗室裡，他可以對**社會**系統做實驗。他和他的學生使用虛擬實境創造人形人，這些人形人的聲音、性別、種族和身高（幾乎所有特徵）都能改變，然後觀察這些變化如何影響人的決策與行為。有些研究者將線上遊戲《第二人生》和《魔獸世界》之類的虛擬世界，視為人類學的田野調查對象，研究如果人人都能變成雪獸或千年魔法師，他們的社會和經濟行為會是如何。貝倫森和他的學生找出了一些方法，能讓政治人物看來更值得信賴，虛擬教師看來更權威、更熱情，讓運動變得更吸引人，對話更直覺。他們甚至找到方法，可以用人形人來改變人對自己的認知。

在他們早期的實驗中，有一些實驗使用漸變軟體，來測量視覺相似度對社會評價的影響。漸變軟體能將不同人的相片合成一張看來很真實的臉。現實生活中，大多數人都覺得視覺相似度很有安全感。我們會更重視外表和自己相近的人，覺得這些人更值得信賴，比其他人更有吸引力。貝倫森和他的同事想瞭解，人對長得像自己的虛擬影像會不會也有反應，又會不會察覺出破綻。其中一項實驗要受試者觀看某位政治人物的相片，其中幾張是未經修改的原照，另外幾張是經過數位變造、加入受試者自己面部特徵的相片。另一項實驗則要四人小組看一張由該組成員的面容合成的某人相片，接著讓他們讀一段論證，告訴他們這段論證是相片中的那個人寫的。

結果呢？受試者認為數位變造過的政治人物更有魅力（不過，有黨派立場的人受影響的程度比中立者輕微）。同樣地，受試小組認為數位合成的「那個人」的論證比外表不像小組成員的真人更具說服力。令人吃驚的是，幾乎所有人都沒有發現相片經過變造，就連史丹佛大學的科技控學生也沒察覺相片有問題，只說相片看起來很眼熟或很像他們的某位親戚。

接著，貝倫森和當時還是研究生的余健倫（Nick Yee）想知道，這些改變是否也會影響實際的互動。創造能動的虛擬人物比合成相片困難，但有了廉價的視訊攝影機、面孔辨識軟體和高速電腦，其實也不會**太難**。貝倫森和余健倫創造了一個可以隨時更新的受試者虛擬影像，並用攝影機和影像辨識軟體追蹤受試者的表情、眼睛動作及聲音等等。受試者會看到自己的變形，一個跟著他的動作而動作、跟著他的目光而注視、用他的聲音說話的人形人，感覺就像照鏡子。

第二個實驗，他們創造了一個虛擬演講廳和一名虛擬講師。雖然一次只能看著一個人，但是好的講者會和聽眾進行眼神接觸。貝倫森操控教室，讓虛擬講師無論看向何處，聽眾都會覺得對方一直和他維持眼神接觸，沒有注視其他人，也沒有低頭看筆記或手提電腦，感覺就像高明的政治人物（如美國總統雷根）擅長讓幾百萬名觀眾覺得他看著自己，只對著自己說話一樣。受試者在評量時會給一直注視他們的虛擬講師更高分，勝過沒注視他們的講師，而且他們同樣沒有看出影像經過合成。

接著，研究人員做了兩個很有創意的花招。他們更動部分虛擬線路，讓人形人可以模仿某位受試者的動作，就像鏡子裡的人不是你，可是跟你做一模一樣的動作。他們還改變系統設定，讓人形人不會百分之百模仿受試者，例如它可能模仿受試者的表情和姿勢，但嘴巴不會跟著對方動。最後，研究人員加上時間延遲，讓人形人不會同步模仿受試者，而是延後幾秒鐘。之後，他們讓受試者坐在巨型螢幕前，面對真人大小的人形人，並打開攝影機。人形人會發表一篇四分鐘的演講，半數時間以四秒鐘的延遲模仿受試者的表情和動作，半數時間不模仿。有模仿的人形人的演講評價，普遍勝過沒模仿的人形人。實驗結果證明了變色龍效應的真實性。變色龍效應認為，鏡像模仿會不知不覺影響某人對其他人的專注度、吸引力和說服力的判斷，而且效果強大。

數十年前，心理學家戴洛・班姆（Daryl Bem）發現人對自己的態度，部分取決於他們認為**別人**如何看待他們。穿黑衣服的人覺得自己神經質又有想像力，因為他們在藝廊裡看到黑衣服的人。穿西裝的人比較容易表現專業，因為他們經常在辦公室遇到穿西裝的人。貝倫森和現在服務於全錄帕克研究中心（PARC）的余健倫發現，當人形人比受試者高或好看時，受試者會更有信心，協商時更大膽，而且比面對較矮的人形人時態度更友善。身高和好容貌會給我們信心，因為我們覺得別人會認為我們很有魅力。而且，這樣的改變不需要經過數小時的實驗。貝倫森和余健倫發現人一看到（模擬他的）人形人比自己更高、更好看，就會「幾乎立刻產生巨大」的改變。

這樣的改變不僅發生在當下，而且會延續。研究團隊其他成員證明了，虛擬版的自己不僅會改變一個人此刻的行為，還會改變他對**未來的**自己的看法。

虛擬的正強化與負強化

當你睡前沒有設定好自動咖啡機，你是為了現在的自己，為了當下。或許你很累了，只想上床休息，所以沒有設定。問題是這會犧牲未來的你，因為你明早起來就得自己泡咖啡了。我們經常在做這種事，例如提早花掉退休後的老本或該讀書卻跑去看電視等等。我們知道為了未來犧牲現在是最好的長期策略，卻老是找藉口不那麼做。

有時候，當下做某件事的好處很明顯，為了未來而犧牲這件事的好處，卻不是一眼就看得出來。我現在把錢花掉一定能買到東西，如果存起來可能會有退休金，但也可能因為經濟崩盤而一無所有。眼前的報償是明確的，犧牲的價值是不確定的，加上我們天生就是自圓其說的高手，以至於很能說服自己不要為了未來而放棄當下。在餐廳吃飯的時候，我們可能會想：**如果我吃得很少，然後經常運動，一年後身材就能像湯姆．克魯斯**。但甜點車過來時，我可能會想：**只要明天去健身房，就可以把甜點甩掉。再說，誰曉得下週的我會不會直接放棄，吃掉一整桶巧克力冰淇淋，白白浪費我現在的犧牲，結果到明年還是一樣胖。下週的自己真可惡，我才不要讓他得逞。這個乳酪蛋糕是什麼口味？**

如果克制，我可能會稍微接近理想體重一些，但想像中的健康實在很難跟就在眼前的乳酪蛋糕對抗。運動也一樣。看電影吃爆米花的滿足感很容易想像，四十分鐘內跑完十公里的成就感就不是那麼具體了。

潔西．福克斯（Jesse Fox）目前正在研究，虛擬的人形人如何讓這些難以想像的長期好處變得更鮮活。她的工作充滿驚喜。別的不提，光是她本身抗拒社群媒體、喜歡書本勝過電玩卻在研究這個主題，就夠令人意外了。福克斯目前是俄亥俄州立大學教授，她在實驗室告訴我，她直到在史丹佛「念博士，才買了人生第一台電腦，也一直不喜歡電視，現在卻在教電玩課，必須強迫自己玩『黑色洛城』（LA Noir）」。她還說因為自己一直沒用臉書，所以研究所時「簡直像被同學和朋友放逐一樣，感覺**真棒**」。她說這話一點也不具挖苦意味。

雖然她對科技缺乏粉絲般的狂熱，卻懂得將這一點變成利多，專注於人和人跟科技的互動，而非硬體。例如她最近一項研究，就是想瞭解上臉書（或拒絕臉書）對社交生活的影響。

當年進入虛擬人類互動實驗室時，福克斯並不是天生的科技控，但對於「使用很炫的設備來改善世界」卻很感興趣。她當過很久的運動員和訓練師，很瞭解人在開始建立運動習慣時的困難。因此，她設計了一系列實驗，以瞭解虛擬回饋能否提高人的運動頻率，作為博士論文題目。

她首先弄了一個和我造訪的實驗室很像的虛擬房間，然後設計一個測驗，來觀察人形人運動會不會增加受試者運動的時間與頻率。她設計了兩種人形人，一種是大眾臉，一種長得很像受試的學生。一組學生戴上頭罩，看見虛擬的自己在跑步機上運動；另一組學生看到自己站著不動；第三組學生看到大眾臉的虛擬人形人在跑步。福克斯事後詢問受試者，發現「看見自己在跑步的受試者更有動力運動，時間平均比其他人多了整整**一小時**，包括跑步、踢足球或在健身房做重量訓練」。就算校園裡已經有奧運等級的運動設施，一年四季都可以運動，看見虛擬的自己在運動還是對行為有巨大的影響。

福克斯又想，如果讓受試者看到運動或不運動的**結果**，會不會更有效？運動和節食有一個共同的難題，就是一開始很痛苦又不方便，讓人很容易在成果出現之前就先放棄了。

於是，福克斯設計了第二個實驗，讓受試者看見虛擬的自己因為跑步而愈來愈瘦或因為不動而變胖，也就是讓受試者看到長期運動或缺乏運動的後果，以提供受試者正強化和負強化。第三組受試者一樣看到不像自己的人形人。福克斯說：「重點不在於恐嚇你會體重增加或鼓勵你會變瘦，而是人只要看到自己而不是隨便一個人形人，他就會多運動。」

為什麼看到虛擬的自己這麼有效？在最後一個實驗，福克斯讓受試者回到虛擬房間，但在他們身上綁了運動生理測量儀，測量他們觀看虛擬的自己時的心跳速度及其他生理指標，結果發現受試者「看到自己運動會產生心理激勵，促使他們運動」，而且「看**自己**跑步比看別人跑步更能提高運動量」。

這些實驗聽起來很像尼科萊利斯的賽博格猴子實驗的反轉。福克斯的實驗不是受試者操控虛擬的自己，如同猴子走跑步機來控制機器人，而是受試者被虛擬的自己影響，讓抽象不確定的未來好處變得具體而明確。

我們大多數人都很難想像年老的自己。年輕時，要我想像自己在諾貝爾獎頒獎典禮上感謝我的名模妻子一點也不困難，但要想像自己四十歲的模樣就有一些吃力了。老天爺很喜歡捉弄我們，讓我們的心很容易想像一些離譜的事，例如取代基斯．理查茲（Keith Richards），參加滾石合唱團的下一次巡迴演出，或是駕駛X戰機飛越死星上空，卻很難想像無可避免終究會發生的事，例如變老。誠如牛津大學哲學家德瑞克．帕菲特（Derek

Parfit）所言，如果我們將未來的自己視為陌生人，就會傾向將當下的欲望擺在未來的需求之前，很難為了未來的自己而犧牲眼前。理論上，我知道自己何時退休，也希望到時有存款可以舒服過日，但未來的自己比這樣的想法更抽象，因此很難為了他而採取行動。

福克斯的實驗讓運動的好處更清楚可見，但受試者見到的虛擬人形人不是自己年老時的模樣，而是更結實的自己。福克斯和同樣畢業於史丹佛大學的喬治亞大學教授葛雷絲．安（Grace Ahn）合作，想瞭解見到年長的虛擬自己（例如二十年後的你），對於現在做出更好的決定有什麼幫助。她們的新實驗讓受試學生在虛擬環境內觀看鏡子，但鏡子裡的「自己」其實是虛擬的人形人，顯示受試學生長期過度日曬後的模樣。葛雷絲．安解釋道：「我們覺得要是能看見自己曬太陽，再看見自己的人形人變得非常衰老，應該會有很強的嚇阻效用。對這些連自己二十一歲的模樣都想像不出來的年輕人來說，看見自己皮膚粗糙、滿是斑點，應該會改變他們的行為。」

以虛擬的未來改變現實？

心理學家哈爾．赫許費德（Hal Hershfield）想知道，看見虛擬的未來自己會不會讓我們犧牲現在，以便成就將來的自己。他和福克斯一樣不算是科技迷。「我是玩任天堂和超級任天堂長大的，」他說：「但我並沒有沉迷其中，對虛擬世界也不太沉迷。」直到進了虛擬人類互動實驗室才有所改變。對於使用有趣的科技瞭解人類跨期決策（intertemporal decision-making）的奧祕，赫許費德並不陌生。他之前就曾用神經成像來比較人在想像未來的自己和想像陌生人時，所使用的大腦部位差異。他推想，如果帕菲特的主張是正確的，我們真的將未來的自己視為陌生人，那麼我們在「思考未來的自己時，神經運作就應該和思考未來的某個陌生人一樣」。結果確實如此。

於是，赫許費德又想：要是人對未來的自己有**更鮮明**的意象時，會怎麼樣？想像年老的自己是一回事，**看見**他在看你又是另一回事了。他在一次實驗室會議中提出這個構想，「某人就說：『喔，我們學校有一間虛擬實境實驗室，專門在做這種事。』於是我就寫電郵給貝倫森，跟他解釋我正在做的研究，事情就這麼開始了，一切都是天時地利人和。」

赫許費德的第一個研究讓受試者和兩個虛擬的人形人互動，一個是年長的未來自己，一個是現在的自己。受試者戴上虛擬實境頭罩會看見一個虛擬的房間，等到習慣「在房間裡」之後——有些人需要嘗試一陣子，轉頭東看西看讓幻覺變得有真實感——受試者會面向牆上一面虛擬鏡子，看見年長的自己或現在的自己正在看著他。赫許費德事先會幫受試者拍照，然後用年齡預見演算法惟妙惟肖地繪出受試者的老年容貌。人形人會模仿受試者的動作與姿勢，就像真的照鏡子一樣。受試者一邊看著鏡中的自己，一邊回答「讓他更會將自己想像成鏡中模樣」的問題。因此，赫許費德的實驗和福克斯的作法不同，受試者不僅**見到**年長的自己，還受到誘導（雖然很短暫）**變成**那樣的自己。

離開虛擬房間之後，受試者要回答一個問題：如果有人給你一千元，讓你自行決定如何分配，你會存下多少、花掉多少？實驗者經常用金錢分配來測量人對現在的自己和未來的自己的看重程度，存的錢愈多就代表愈看重未來。在這個實驗裡，金錢分配可以有效測量，短暫成為年老的自己對看待未來的自己有多少影響力。赫許費德發現，「那些看到未來自己的受試者決定存下的退休金金額，是只看到現在自己的受試者的兩倍。」

然而受試者做決定時，是真的想到未來的自己，或只是泛泛考慮到老年呢？為了確定這一點，赫許費德讓受試者回到虛擬房間，但這次給受試者看的是他們的老年虛擬影像或某個普通老人。如果受試者只在乎年紀，那麼無論看的是虛擬的自己或某個老人，他們對錢的分配應該和之前一樣，但實驗結果顯示，看見未來**自己**的受試者會比看到陌生老人的受試者決定存下更多錢。

最後，赫許費德跟心理學教授丹恩・高史坦（Dan Goldstein）和比爾・夏普（Bill Sharpe）共同實驗，並將目標從讓人沉浸其中的虛擬實境，轉向容易分散注意力的網路世界。他們設計了幾個類似幫助員工設定退休金方案的網頁，每一個都附有滑動選單，讓受試者選擇提撥金額。其中兩個網頁附有受試者目前或未來的相片，且「表情會隨著受試者提撥的金額大小而改變」，金額高會微笑，低會皺眉。第三個網頁附有受試者目前或未來的相片，但表情不會隨著提撥金額而改變，以確定「受試者不是受微笑的影響」。第四個網頁只有滑動選單，沒有相片。實驗結果同樣是看見年長自己的受試者提撥金額最高，無論臉部表情有無回應。此外，看到目前的自己和沒看到相片的受試者，提撥的金額幾乎沒有差異。赫許費德推測，看到現在的自己影響不大，可能是因為一般說來，「我們本來就一直用現在的自己在想事情。」

虛擬的沉浸感與臨場感

我走到了虛擬木板的盡頭，轉身往回走。我聽說有些患有懼高症的受試者根本無法踏上木板，還有受試者摔下去、不停尖叫揮手。我可不想跟他們一樣。但我才走了幾步就絆了一跤，身體立刻感覺腎上腺素飆升，雖然努力想抓回平衡，最後還是摔進坑裡。理性的我知道這很荒謬，我其實站在鋪了地毯的地板上，根本沒有變化，但我狂跳的心臟和顫抖的雙手卻告訴我，不是這麼回事。我無法不相信自己受騙的眼睛。

這時，我突然茅塞頓開。認為虛擬實境有效，是因為它繞過了理性或用數位訊息瞞過了神經系統；這樣的說法其實不完全正確。虛擬實境比較像戲院，它有效是因為我讓它有效。

葛雷絲・安解釋道，虛擬實境有效是因為沉浸感和臨場感。**沉浸感**來自立體音效、自然的燈光、細節和追跡。整個實驗室再加上大量科技，讓房間變成巨大的沉浸空間。相對地，**臨場感**來自於「**相信**這個空間是真實的。虛擬實境只不過是人願意相信的視覺幻象」，葛雷絲・安說。潔西・福克斯也表示：「臨場感完全來自心中。」我之前沒想到這一點，但福克斯和葛雷絲・安認為，虛擬實境並不是科技創造出來讓使用者接收的東西，而是人和科技一起創造出來的體驗。

葛雷絲・安說：「人不是不曉得虛擬實境是假的，但它的真實感夠高，讓人願意放下不相信，接受它是真的。」人隱約「明白虛擬實境只是模擬，但願意接受虛擬體驗為真實的，好從中學到事情」。

使用者體驗到（或體驗不到）多少臨場感，有賴於他過去的經驗、專注於數位時刻的能力和維持專注的習慣。福克斯表示，實驗之後，「有些受試者會說虛擬實境有夠爛，還是『決勝時刻』（Call of Duty）**炫多了**。」對電玩迷來說，置身虛擬世界的真實感來自於投入任務的程度。我馬上理解這些批評者在說什麼。我會用我家小孩的Wii玩瑪利歐賽車，我玩得很好，因為我能完全跳脫周圍的嘈雜擾攘，全神貫注在前方的賽車道上。當眼睛、心靈、身體和科技緊密交纏之時，虛擬實境便充滿力量。科技只提供虛擬，是我們提供了實境。

當交纏出了問題

虛擬實境讓我們知道成功的交纏威力多麼強大。但當交纏出了問題，就可能讓人質疑自己的智力。

有天早上，我的 iPad 和藍牙鍵盤突然無法連結了。配對應該很簡單，只要鍵盤開著（鍵盤一端有一個電源鍵），然後打開 iPad 的藍牙，叫它和鍵盤配對，應該就可以了。iPad 和藍牙鍵盤通常會互相搜尋，但那天早上無法連結。

我不曉得問題出在哪裡。如果問題在鍵盤，會是電池嗎？還是天線？或是機件故障？鍵盤沒辦法告訴我任何事。它只會在你按下電源鍵之後亮起一盞小綠燈（其實是發出細小的雷射光束），讓你知道它是開著或關上，但沒辦法告訴你是否故障。我換了新電池，重新打開鍵盤，還是不行。我拿出電池**檢查**，以防萬一。電池沒問題。所以是天線壞了？但等等，哪個天線？鍵盤還是 iPad 的？我拿出 iPhone（好好好，我知道）開啟藍牙，它立刻找到了鍵盤。這表示問題出在 iPad。但鍵盤和手機的藍牙連結幾秒後就斷了，所以還是沒有結論。

接下來幾分鐘，我反覆按鍵盤的電源鍵，看它出現在 iPad 的可用清單上，然後又消失了。我心想是不是房裡有什麼東西在干擾訊號，但不曉得該怎麼測試，更別說處理了。我甚至想是不是應該考慮是小精靈搞的鬼。

我沒時間搞這個，我心裡不斷浮現這個念頭，還有諸如**高科技真愚蠢**和**我一定漏了很簡單的東西，因為之前都沒問題**之類的想法。但我同時也察覺，這整件事凸顯了科技故障會讓**使用者**覺得自己很蠢的事實。除非你把問題解決了，或是更慘的，那東西不曉得為什麼自己恢復正常了，否則你永遠不會知道到底哪裡出了問題，是機器、子系統，還是你。

這些問題之所以令人挫折，是因為資訊科技很不透明。製造商希望產品看起來很容易用，但這往往意味著在刷鋁外殼和毛玻璃底下隱藏了驚人的複雜，讓你更難瞭解哪裡出了問題、推斷問題的性質或學會如何解決它。

科技愈複雜，不透明所造成的風險就愈大。耶魯大學社會學教授查爾斯．裴洛（Charles Perrow）便認為，挑戰者號太空梭爆炸之類的災難不是專業判斷嚴重失靈，或百萬年才會發生一次的小故障所造成的，而是（用他嚇人的說法來講）「正常的意外」。高度耦合依存的系統，會因為一些小變化和常見的錯誤而無預警地出狀況，變成嚴重的問題。我的鍵盤突然無法跟 iPad 連線事小，但當我們被資訊科技包圍，每天大量和這些科技互動或透過這些科技和世界互動時，就會一直被這些微小的突發狀況弄得不堪其擾。

這些小狀況未必比其他技術問題更難解決，卻會打斷你的工作與專注力，因此總是痛苦得令人難忘。資訊工程學家海倫納·門提斯（Helena Mentis）發現，人對妨礙工作結束的問題比其他時間發生的狀況更有印象，例如指令執行緩慢、彈出式視窗干擾網頁瀏覽，以及介面設計師艾倫·庫柏（Alan Cooper）稱之為「礙事的蠢狀況」等等。工作一開始就發生問題，和進行了好一陣子才遇到狀況，我們的反應很不一樣。就像你趕工好幾小時，終於搶在期限前做完了，結果按了「列印」卻什麼也沒有，那感覺肯定和一開始就發現無法列印不同。

（一小時後，我的鍵盤忽然恢復正常了，我也不曉得為什麼。）

人不如機的錯覺

電腦還有其他方法讓我們覺得自己很笨。我們常將智力和速度連在一起，例如說某人「反應很快」或「學得很快」等等。慢往往不是讚美詞。照這個標準，人類根本不能跟電腦比。很多事情我們做起來很辛苦，電腦卻毫不費力，而且幾乎不花時間。電腦已經夠快了，仍在不斷加快，而且愈來愈便宜，效能也愈來愈強，我們的大腦卻還停留在揮大斧的穴居人時代。電腦的智慧似乎看不到邊界，人類智力的發展（如果不靠基因工程或補腦藥物）卻好像有極限。

有人說，新形態的數位智能正在成形。群集化的機器人和電腦程式展現了聚合行為的力量，也就是倚靠大量半智慧單元構成的高智能系統。群眾外包、維基百科和預測市場的出現，顯示一種全新的集體智慧正在網路興起，影響力遍及全球，潛力超越常人。

虛擬實境先驅傑倫·藍尼爾（Jaron Lanier）認為，我們在發展這類科技和群眾外包時，意外改變了我們對於人類能力和價值的觀念。他說：「人貶低自己，好讓機器看起來很聰明。」例如亞馬遜的「土客工人」（Mechanical Turk）人力外包平台，它幫助公司將大量簡單的小事務外包給自由工作者，像是描述影像內容，讓人感覺人的價值好像只在於數量和彈性，而不是智力。藍尼爾認為，維基百科抹消了作者的身分，「好讓文本具有超人的能力」，並創造一種幻覺，彷彿知識是集體自發產生的。而 InnoCentive 之類的系統提供賞金給解決特定科技問題的人，更常被形容為釋放「群眾智慧」的工具，而非公司尋找特定領域專家解決問題的市場。

外包給電子記憶

同樣的改變也出現在對於未來的討論中。例如雷伊·庫茲威爾在他的《奇異點迫近》

（*The Singularity Is Near*）裡便主張，電腦很快就會追上、甚至超越人的智力，形成「非生物智慧」網路，並於「二〇四〇年代中期大幅超越生物智能」。對於宣稱電腦永遠無法像人思考的人，庫茲威爾表示，莎翁的《哈姆雷特》和披頭四的《橡膠靈魂》（*Rubber Soul*）是很偉大，但「大多數的人類思想都是衍生、瑣碎而侷限的」。此外，「生物人的思考還受限於」大腦的能力，因為大腦「神經元間的聯繫速度非常慢」。我們或許能靠基因工程修修補補，但真正的未來在於人機介面。庫茲威爾說，我們的子女和孫兒將在大腦植入奈米機器人，連結大腦的處理中樞和機器人的自旋電子矽晶處理器，將記憶卸載到雲端，就像我們現在寫在紙上一樣自然。造訪虛擬實境就和去街角雜貨店一樣真實，而將某人一生的記憶與感覺和另一人的記憶與感覺混合起來，就像對話一樣簡單。我們的後代會將自己的「生物思考與存在」和最新科技合而為一，但不會將這個奇異點視為巨大而痛苦的異化。人類將不再向外尋找，看它發生，而是向內注視，親身感受它的發生。

戈登・貝爾（Gordon Bell）預測，「個人記憶電子化」將改變我們記憶事情的方式。過去近十年來，貝爾是「我的生活點滴」（MyLifeBits）計畫的受試者。這個實驗希望記錄貝爾生活中所有清醒時刻的活動，他會掃描或拍攝看到的東西，並使用名叫 SenseCam 的小攝影機拍下自己的每一天。資料庫裡的檔案還包括：他年少時於大蕭條時期在密蘇里州的小鎮生活、他第一次學到如何操作電子設備的電器行、他在麻省理工學院修讀當時才剛興起的資訊工程學、他在迪吉多電腦工作二十年，以及他於一九九五年進入微軟研究院工作的種種。

貝爾和同事吉姆・傑美爾（Jim Gemmell）寫道：「我們大多數人都已經將大腦外包給某種電子記憶了。」而「我的生活點滴」計畫就是想瞭解這股潮流。網路攝影機、手機相機、攝影機、錄音機和GPS定位裝置都便宜得驚人，幾乎可以記下每日生活的全部。儲存這些資料的成本變得極為低廉，刪除幾乎比保存還貴。而且數位記憶非常精確，只要對照我們對某個事件的記憶和當時拍攝的錄影畫面，就會沮喪地發現我們忘了那麼多事，例如：**啊？原來她也有去呀？我都忘了樂隊有演奏那首歌了**。同樣地，當你對照自己的記憶和銀行或信用卡的交易紀錄時，結果也是令人沮喪，因為你發現電腦比你還清楚你的財務狀況。你忘了密碼，電腦記得；你忘了約會時間，電腦記得。電腦記住一串隨機數字和字母，就跟你記住自己的名字一樣簡單。一邊是穩定犀利的數位記憶，另一邊是脆弱健忘的人腦，兩邊根本沒得比。

然而，這些例子掩蓋了一個事實，就是電腦和人腦其實非常不同，直接比較是很有問題的。首先，智能分成很多種。辨認臉孔、發現模式、使用語言、掌握社會情境和回應情感都是智力，但彼此有些許差異，使用的大腦部位也不同。其次，將智力和速度做連結也不恰當。藝術家繪製一幅畫可能要幾個月（有時為了那些讓作品具有新意和即興風格的細節而絞盡腦汁），作家寫一本書需要好幾年，而科學理論可能是瞬間的靈感和數十年研究的綜合。最後，人的智力並非如庫茲威爾所言，受到生理上的限制。不是只有大腦結構改變才能讓我們變聰明，文化演進也會。

無可取代的人類記憶

此外，人類記憶還很複雜。**記憶**包含許多心理過程，讓人可以記住五秒前聽到的話、昨晚將車鑰匙放在哪裡、兩週前遇到的那個人的名字、某年午後在熱帶海灘撫摸愛人肌膚的感覺、母語字彙、一九八八年歐洲盃足球賽的冠軍（荷蘭二比〇勝蘇聯）、想知道中國城哪家餐廳的港式飲茶最好吃應該問誰，以及大學時光等等，幾乎無止無盡。短期記憶、視覺記憶、交換式記憶、情節記憶、陳述性記憶、長期記憶、事實、事件、名詞、動詞、創傷經驗、印象、圖片、感覺——所有這些我們都記得，都和過去有關，也都用**記憶**來稱呼，但它們的相似之處僅此而已。雖然有些人的腦袋像百科全書一樣，令人印象深刻，但絕大多數的記憶都不只是存放在大腦內的訊息而已，還是一個過程，是重建過去、用穩定的形態儲存訊息以供未來取用的過程。

記憶充滿彈性不是壞事。它讓我們回顧往事，用更成熟的觀點看待過去，理解自己的生活與生命。忘記有時也有好處。對遭遇創傷後壓力症候群的人來說，**不去**記得好友過世、反游擊戰的殘酷與是非不明，或飛機受損迫降在敵國的恐懼，其實是一種勝利。能夠忘記日常生活中的羞辱與冒犯，忘記出糗和受輕視的痛苦，悲傷才得以痊癒。如果有人為了二十年前一場誤會在意至今，可能沒有人會羨慕他驚人的記憶力，而是覺得他像小孩一樣倔強執著。

集體記憶與遺忘也有社會的層面。日常生活中，交換式記憶能減輕我們的認知負擔，因為我們可以將記憶外包給其他人。國家會選擇讓人民記得哪些事件，脆弱的國家可能會為了維持國家統一、向前邁進，刻意不去省思戰爭與國內的衝突。我在美國南北戰爭期間的南方邦聯首府長大，南方將領的影子無所不在，我很清楚哪些事情已經被人遺忘、哪些被視為不值得記起、哪些又可以大方遺忘，這些都可以視情況而更改，而過去的記憶又會形塑我們的現在。有些遺忘甚至涉及法律，例如青少年的行為一直被視為不等同於成人，甚至連成人的罪行都能被遺忘，只要服刑就被視為清償了對社會的虧欠。

數位記憶的穩固可能會破壞這些遺忘。電腦對記憶者一視同仁，用在儲存銀行紀錄和次原子事件非常便利，但用在複雜的人類行為上就可能出問題。遺忘對人類的心理運作有其價值，甚至是一種慈悲，但對電腦只代表錯誤。

在貝爾和傑美爾所討論的最強烈的電子記憶中，有一些清楚展現了數位紀錄和人類記憶的對比，就像火柴與營火的差異：它是火花，而不是火。「我的生活點滴」幾乎記錄了貝爾一生中的所有事件，從小時候的生日派對到他在會議上拿到的名片都找得到。貝爾看到螢幕保護程式秀出他四歲時的生日派對相片，就立刻開始回想當年。即使相隔數十年、在數千英里外，一張相片依然喚起他「無窮的回憶」，包括生日蛋糕、出席的小朋友、他暗戀的鄰家小女生，還有派對後不久便意外身亡的牧師兒子，感覺非常普魯斯特。貝爾是為了做生活紀錄才會有這張相片，但值得深思的是，他如此生動描述的記憶來自何處。普魯斯特一邊吃著瑪德蓮蛋糕（madeleine）、一邊回憶過往，貝爾則是看著相片，心裡湧出一大堆聯想。然而，普魯斯特在貢布雷（Combray）的童年回憶並不在蛋糕裡，貝爾的過往也不在相片中，而是相片喚起了心中的回憶。相片不是人類記憶的一部分，而是儲存在電腦記憶體的影像，需要貝爾的大腦賦予它意義。電子記憶有助於保存人的回憶，但不代表可以取而代之。

貝爾和傑美爾推測，未來軟體將能擷取真人的生活紀錄，建構心理側寫並複製其人格，以此創造出人形人。依據生活紀錄打造人形人的想法，不只開啟了許多有趣的可能性，也引來許多問題。人形人會是哪一個「我」？伴侶眼中的我？爸媽心中的我？還是老闆認識的我？它會是二十歲、四十歲，還是五歲的我？

我們可以將數位智能和人類智力想成互補的夥伴，而非對立的敵手。我們可以用電腦做不到的方式回想事情，而電腦則能以更正確的方式存取訊息。我們有能力處理模稜兩可、發揮想像和建立新的連結，這些都是電腦比不上的，而電腦的精確與專注則讓我們望塵莫及。我們可以結合各種技能來增強延伸心靈，而不會被無止境的分心、無益的複雜和未經檢視的習慣削弱。

獨行駭客

電腦間接改變了人對自己的看法，但有時設計來塑造它們的使用者。史丹佛大學博士摩根・艾姆斯（Morgan Ames）一邊吃著素河粉和春捲一邊向我解釋，資訊工程學家的成長經歷有時「會對電腦產生具體的影響」。我們兩人在帕羅奧圖一間新潮的餐館（就是那種大善人投資者和年輕執行長會一起享用美食、大談搜尋演算法和突破性創新的地方）碰面，討論設計師的生活經驗如何影響他們打造科技的方式。餐廳人滿為患，但摩根走來輕鬆優雅。她母親是舞蹈老師（怪不得），而她自己之前也是全國排名頂尖的國標舞者，後來才將重心轉到論文上，主題是「每童一電腦」計畫。

每童一電腦是麻省理工學院經理人尼可拉斯・內格羅龐帝（Nicholas Negroponte）的心血結晶，目的在推動全球學習革命。該計畫的旗艦產品（和 AK-47 一樣實用，跟獨立宣言一樣動人）XO手提電腦，堅固又便宜，全球小孩都能用，就算空投也不會壞，而且構造簡單，壞了小孩自己就能修。這些手提電腦會直接送到孩童手中。內格羅龐帝認為，將電腦直接交到孩子手上，他們就能不受老師和古板框架的限制，可以自由摸索電腦，進而學會撰寫程式，釋放電腦轉化個人的力量。

摩根認為，每童一電腦計畫對於「人如何學習」和「人如何使用電腦學習」，有它的看法。他們的核心信念是出色的程式設計師都是自我養成，而非倚靠外人教導而學會的。許多資訊工程學家或企業家都說：**我小時候覺得上學很無聊，也沒有很多朋友，生活漫無目標，和周遭格格不入。但我後來碰到電腦，感覺就像踏入新世界。只要坐下來打開電腦，我就成為真正的自己。我學會寫程式，會自己設定目標，覺得找到了一件讓我很有熱情的東西。我沒有讓學校的漠不關心阻攔我，反而學會限制只不過是另一個需要解決的問題而已。我和電腦緊密相處了幾千個小時，最後成了程式設計師。**

摩根指出，這些經歷的驚人之處，不是「資訊工程學家都是獨自不斷摸索電腦而養成的」，而在於它們少了什麼。她訪問過的駭客中，許多人的家長是科學家或工程師，但他們往往堅稱自己在家裡沒學到什麼。「就算他們學校成績很好，」摩根說，他們也往往記得「自己很討厭學校或老師」。有些駭客甚至曾經駭入學校電腦。例如微軟創辦人比爾・蓋茲和保羅・艾倫（Paul Allen）都曾經侵入學校主機，幫自己爭取無限制的寫程式時間。

他們和學校對抗是為了爭取學習的權益。摩根指出，這些經歷凸顯了「重要的一切都發生在工程師和電腦之間，家人、家庭、學習方法和效法學習規範都不存在」。於是從中產生一種印象，程式設計師都是自我養成、自學自立的。

這個「獨行駭客」的概念貫穿了每童一電腦計畫，而XO正是為了讓小孩精通科技、自學自立，並且蔑視權威和傳統而設計的，換句話說，讓他們成為駭客。XO不是媒體消費或溝通設備。它刻意忽略網路、電影和音樂，而提供「烏龜」（Turtle）或LOGO之類的工具。烏龜讓使用者學會設計一隻烏龜在畫布上作畫，LOGO則是麻省理工學院教授西摩・帕博（Seymour Papert）於一九六〇年代發展出來的程式語言。計畫初期，他們將XO直接發給小孩，而非透過學校，顯示他們深信所有小孩都能學會寫程式，同時深信老師和學校只會礙事。這個自發學習和自學駭客的信念，同樣讓他們採取盡量減少教育計畫投資、教師訓練和修理設備的方針。不過，XO並沒有設計者所想的那麼堅固、好修理，而且就算在第三世界國家，那裡的小孩還是會用XO來上網和打電玩。

在摩根的描述裡最令人吃驚的，是每童一電腦計畫的創辦人並不相信光憑電腦就能改變世界。摩根指出，他們希望傳播一種電腦和孩子之間的關係，強調實驗和東摸西弄，相信電腦無所不能，而這些都有好處。但這個計畫同時鼓勵孩子相信機構不僅跟學習無關，甚至會妨礙學習。

人類智能和數位智能相輔相成

相信自己和別人，有時能對表現和行為產生巨大的影響，因為信念在潛意識層面運作，是隱而不顯的。根據社會學家克勞德．史提勒（Claude Steele）所做的經典研究，做標準化測驗之前須表明種族的非裔美國學生，測驗成績低於不用回答的學生。史提勒認為，種族自我認同會誘發非裔美國人智力較低的刻板印象。類似的研究顯示，女性在數學測驗前如果表明性別，分數也會下降。認為成功取決於個人天分的學生，往往將失敗看成能力的反映，但當他們看到研究顯示智力是浮動而非固定不變、練習比天分更能帶來成功時，便會開始將失敗看成挑戰，而非無能，長期的成功率也會隨之提升。不過，如果讓受試者事前得知這些效應，就可能產生抗拒。

我們還必須察覺電腦如何「程式化」我們，人和資訊科技的互動如何塑造我們對自己的理解，這一點也很重要。電腦已經改變了我們對**人類**智力與記憶運作的看法，讓我們看重電腦化的特質（如效率、速度、生產力等）勝過創意、徹底和深思熟慮。

認為智力固定不變，相信人的能力是數位設備的弱化版，並接受未來屬於數位工具而非我們，這些想法都會對現實世界造成影響。將人類和電腦的能力混為一談，歷史和未來攪在一起，只會帶來令人目眩的絕望，和一個永遠需要升級、永遠不夠好、不斷追求更新又時時分心的未來。

瞭解電腦如何程式化我們，就能打破混同、比較與絕望的惡性循環，知道如何更清明地使用電腦，不將人類的智力和數位智能混為一談，而是按各自的標準進行評斷。人腦和電腦的能力其實相輔相成。明白這一點，能讓我們不再拿自己和數位設備比較，開始嘗試各種方法及用途，將人類和人工智能各自最強大的功能統合起來，打造延伸心靈，而非支離破碎的猿心。這些嘗試不是為了換掉我們自己的能力，而是強化它。我們無須接受電腦未來一定比我們聰明、人的記憶將由機器保存、思考也將由機器輔助和代勞的想法。換句話說，我們無須退位，只需重新設計就好。

5

實驗

Experiment

媒體日記與自我實驗

打開你的電郵軟體，快點，反正你遲早會開的。

（有記得呼吸嗎？）

接下來幾天，請按照平常的習慣上網，但稍微留意自己和電郵的互動方式。就從每天和它互動的次數開始。寫下你每天檢查電郵的次數，還有通知你有新電郵的次數——別忘了手機上的訊息也算。記下你檢查電郵的地方，例如辦公室、車上、廚房、你私底下愛看的實境節目的無聊空檔、浴室（別說謊）。再來，推算你大概花了多少時間閱讀、回覆和寫電郵。有碼錶計時最好，但不必非常精確，也不要太大費周章，妨礙到你一般的做事習慣。

工業工程師和產品設計師經常進行這種動作時間觀察，有時很有啟發。這麼做經常能凸顯我們日常使用電腦和網路有多心不在焉，還有我們手放在鍵盤上和眼睛盯著螢幕的時間比我們以為的還多。研究虛擬實境的俄亥俄州立大學教授潔西．福克斯在她的傳播課上，就用了類似的作法。她要學生做媒體日記，記下每一次瀏覽社群媒體、看電視和打電玩等活動的時間。這麼做有時很累人，學生經常抱怨「太麻煩了！」，但結果往往很驚人。他們**以為**自己只是上網幾分鐘或和朋友玩了一輪「你畫我猜」，實際上每天都花兩小時逛臉書，每週打電玩的時間更高達三十小時。

不過，真正讓學生深思的，是福克斯在實驗前要他們寫下自己想做卻覺得沒時間做的事，而且愈詳盡愈好。這樣學生才會認真思考要怎麼應用時間，例如每三天做一小時皮拉提斯、每週四小時造訪一個新的地方、每天半小時和朋友喝咖啡、花二十分鐘洗衣服和打掃等等。接著，福克斯叫學生比較自己想做的事和媒體日記，跟他們說，你們只要從打電玩的時間裡撥出八小時，**這些事**統統做得到。

然而，測量活動和使用時間只是第一步。因為除非你活在一九六〇年代，活在復古電視節目的場景裡，否則電郵真的很重要。在講究正式文書往來的年代長大的人，多年來一直抱怨電郵不比備忘錄或書信正式，主張寫信或口述信件需要時間，正好可以字斟句酌，而即時通訊只會助長思考散漫。也許吧。但電郵依然存在，有必要把它寫好，不僅為了你寫電郵的對象、自己的專業表現，也為了你自己。

你必須擺脫追求效率與省時技巧，擺脫如何寫得更快或迅速回信的迷思。同事需要的不是**更快的**回應，而是**更好的**回覆。

因此，不要只在乎數目和時間，而是自問你一天收到的訊息裡，有多少是真正重要的，得盡快回覆或提供資訊？又有多少是垃圾郵件？（檢查你的過濾器，然後清空垃圾信。別再肖想奈及利亞商業銀行裡的那一大筆錢了吧。）這麼做能讓你更瞭解自己到底需要多少時間來處理電郵。

最後，別忘了比較你收信前後的專注程度和情緒狀態。打開電郵程式時，你會因為可能有重要的信而感到焦慮嗎？或只是打發時間？還是因為你已經十分鐘沒檢查電郵了？你是真的**有理由**，或者只是一個反射動作，是你遇到紅燈、排隊等咖啡或案子不知道該怎麼起頭時的習慣？

看了電郵之後，感覺如何？比之前好嗎？會比看之前輕鬆嗎？隔多久你又開始想是不是有重要的電郵來了，等你打開收件匣檢查？

花一週時間觀察自己使用電郵的習慣，並留意當時的感覺，你就可以開始分析觀察結果，進而採取行動了。你每天花 x 小時使用電腦，檢查 y 次電郵，其中有 z 封信是重要的，看了之後心情變好的比例為百分之 n。

你的各項數字都很高嗎？讓我們來想想如何降低。

首先從情緒開始。你一天之中有哪些時候檢查電郵是最滿足的？如果有一定的規律，那第一步就簡單了。接下來幾天，試著只在那些時候看電郵，其他時候都不打開。無論去雜貨店或等電梯，都不要「順便檢查一下」。必要時將你的黑莓機收在袋子的最底層。繼續記錄每天檢查電郵的次數、花多少時間、其中有多少封值得瀏覽，還有處理那些信件時的感覺，最後再拿新的統計結果和之前的數據做比較。

如果你覺得光是減少檢查電郵的時間就有好處，那不妨設定每天只有兩個時間打開信箱，而且只用固定一個裝置檢查，例如電腦或手機。這會打破你下意識拿起手邊設備看信的習慣，還能減少草稿必須轉存的麻煩。

調整電郵的使用方式需要一系列的小觀察與小實驗，但成果驚人，因為改變的將是我們的延伸心靈。你必須觀察自己的日常行為，調整設備和你使用設備的方式，然後有意識地選擇接下來要如何使用這些科技。換句話說，你必須自我實驗。

自我實驗就是有系統地觀察自己對特定刺激或事件的生理及心理反應。科學家過去對自我實驗嗤之以鼻，覺得太過主觀和自我中心，不是可靠的研究工具。但隨著便宜好用的監控裝置出現，可以取得精確客觀的數據，靈活多變的分析工具能在大量數據中迅速找出模式，針對複雜問題尋求個人解決方案的線上社群逐漸茁壯，自我實驗也愈來愈正當、普遍。諾貝爾獎科學家（最近的例子是發現消化性潰瘍的細菌成因的貝利．馬歇爾〔Barry Marshall〕和羅賓．華倫〔Robin Warren〕）、慢性病患者和頂尖運動選手都曾採用自我實驗。

由於這麼做需要密切注意科技、注意自己、觀察科技在各種情況下的運作，和科技與我們互動的方式，因此自我實驗是一個很好的方法，讓我們發現新科技一些較不明顯的好處與代價，揭露新科技如何以我們未預期的方式影響人的心靈，並發現新科技能帶給我們什麼意料之外（有時很有價值）的技能。

每個人的專注力不同、會分心的事物不同，能協助專心的事物也不一樣，因此你必須找到適合自己的系統，並清明地調整你所使用的科技、使用方法和工作習慣，才能知道什麼樣的組合最能幫你做到沉思。

利用科技培養清明之心

第一件要觀察的事，就是我們可以用更清明的方式使用熟悉的科技。這種能力有時需要培養，有時會不請自來，你最好隨時做好準備。

某天下午，我和妻子和一位來自微軟研究院的訪問學者在劍橋散步，我突然明白了這一點。我們打算從劍橋走到葛蘭切斯特（Grantchester）造訪康河邊的果園茶坊。康河享譽盛名，沿著劍橋郡的邊界蜿蜒迤邐，過去一百年來，無數人走過這條因為大詩人路柏特・布魯克（Rupert Brooke）而聲名大噪的小徑。他因為劍橋「太城市、呆板又處處狡詐」而避居葛蘭切斯特，覺得這裡「和諧、神聖而靜謐」。不過他其實沒有避走太遠，因為葛蘭切斯特離劍橋只有兩、三英里，我妻子提醒我，就跟梭羅的湖濱小屋到康考特城（Concord）的距離差不多。沉思有時比我們想得還要近。

要到果園茶坊，就必須沿著康河往南、穿越劍橋到葛蘭切斯特草原。和緩綿延的草原寧靜美麗，一方可以看見農田和森林，遠方偶爾可見學院的尖塔，感覺和國王學院一四五二年買下這塊土地時相去不遠。那一年，達文西出生，古騰堡出版了第一批活字印刷的聖經。你可能會看見一群無角紅牛在河邊吃草。步行一英里來到葛蘭切斯特之後，沿著一條有牆的小徑走，經過一間教堂，就會抵達果園茶坊了。

我想這條路應該是拍照的黃金路線，因此帶了數位單眼相機和兩個鏡頭。我的父親在我小時候很愛攝影，是狂熱的業餘攝影家，但我一直到數位相機問世和孩子誕生後，才開始拍照。對我來說，相機很容易就變成不受歡迎的擾人器具，扭曲它所要記錄的事物（「所有人來合照一張！」），或讓我的注意力離開周遭，轉向相機本身。我很容易陷入拍照的技客面，花費無數小時實驗 iPhone 的復古攝影機應用程式 Hipstamatic 裡的各種鏡頭和底片，就像我年少時苦讀小精靈的攻略本一樣，而且我很喜歡好相機沉穩精準的感覺。數位記憶體讓我們大量拍照，以為單憑運氣也能撈到幾張好相片。這樣的態度鼓勵我們用濫拍取代技巧的磨練，速度取代觀察，分心和中斷取代專注。既然拍照像買樂透，只要拍得夠多就有**一張**會中，那何必反覆斟酌取景呢？

當然，有些時候我會太沉迷於捕捉片刻，而忘了**處在**當下。但當我們經過葛蘭切斯特草原時，我突然察覺帶著相機讓我更仔細觀察周遭，更注意身旁的動態與光影，留意河面的反光，以及深深淺淺的綠色與棕色（冬天戶外的色彩不是很繽紛）。

我不是在掃描周遭環境，尋找好的拍照角度。我多年前就發現，數位相機可以立刻看到結果的特性，其實慢慢培養出我看見好的角度和取景的能力，拉近我見與我得之間的距離。不過，此刻走在草原上，我發現自己的注意力離開了相機，轉到**周圍景物**之上。相片似乎在我觀察草上的光影與雲層的灰濛之際浮現出來。我想起奧根・海瑞格的弓道，想起他苦練多年，好讓脫弓之箭有如櫻花掉落一般自然。我發現自己也能在攝影中尋求同樣輕鬆寫意的態度。

撰寫部落格的佛僧證明了人能清明使用科技，而我後來更發現一位有名的修士將攝影變成了一種冥想與沉思，他就是熙篤會（Trappist）的湯馬斯・梅頓（Thomas Merton），《七重山》（*The Seven Storey Mountain*）的作者，二十世紀最有名的基督教修士。他晚年時發現相機可以「提醒我忽略了什麼，讓我和它共同創造嶄新的世界」。我突然明白梅頓是一個絕佳的例子，告訴我們善用科技可以養成一種（用梅頓的話來說）「開放並接納眼睛所見」的態度，用清明取代分心。

我看著一頭牛從我身旁悠悠走過，心想：**這種感覺來自哪裡**？此刻的專注是我和相機緊密互動的結果嗎？我當然比以前專注，因為我拍了很多照，而且我想正是由於這一點，我才變得非常留意細節，例如反光、陰影和牛走過的小徑上的泥土質感等等。所以，科技讓我變得更常用相機的角度看世界嗎？很難說。如果我學的是素描或水彩，可能會留意別的細節。維多利亞時代的藝術評論家菲利普・哈默頓（Philip Hamerton）認為，水彩會帶領人用空間和色調看世界，鉛筆素描則促使我們用線條及明暗看世界。但任何科技都有偏差，連眼鏡也不例外，而所有認知都有先天的不足，例如科學家發現視覺會在盡收一切和明智過濾之間跳躍。所有觀看都經過篩選。

好壞暫且不論，相機在狗仔和攝影記者手中成了侵入事件與生活的工具，但也如梅頓所言，相機可以用來提醒我們保持「開放並接納眼睛所見」，和世界互動，而非分心於世界之外。

和所有真正的良性交纏一樣，我和相機的連結也讓我超越了肉眼的限制，更有技巧、更仔細地去看。相機讓我看到更多，提升了我的注意力，而非成為我目光的焦點。相機讓我更能覺察周遭環境、更清明地使用視覺，並和我所見到的世界互動，讓我的延伸自我得以拓展。

幾個月後回到加州，我發現了另一種方法也能幫我們更清明地使用科技，更有機會創造心流（也就是徹底投入以致注意力提升的狀態），那就是用任天堂的Wii玩瑪利歐賽車。

或許有人不知道這款遊戲。它是一套賽車電玩，用遙控器當方向盤，還有幾個控制鈕，分別是油門、煞車和丟東西攻擊其他車手。我們家經常玩瑪利歐賽車，雖然大夥也很努力玩桌遊，盡量不要在次數上落後賽車太多、讓桌遊成為家裡的固定活動，但每週還是有好幾個晚上捉對尬車。

我不是很擔心小孩子打電玩的家長。我當然不希望小孩整天打電動而不讀書、不運動，也不希望他們因為打電玩而搞壞身體或不跟人往來，但我是和電玩一起長大的。我接觸到的第一款電玩是「乒乓球」，它是世界上第一款電玩。青少年時期，我玩守護者、鐵板陣、攔截飛彈、星際大戰和終極戰區，花了幾千小時。一九八〇年代初，我到日本待了一個暑假，感覺就像爵士迷到了紐奧良一樣。那裡是創意的核心，任天堂和南夢宮的故鄉，小精靈的發源地（你要說誕生地或成形地也可以）。對我來說，電玩是成長經驗的一部分，因此我的小孩也喜歡打電玩就不令人意外了。

但我也清楚電玩的負面影響。我花在投幣式電玩上的時間，有太多是處於心靈麻木狀態，不斷重複我從上千個遊戲中學到的動作，而非督促自己做新的事。電玩令人沉迷，但書本也做得到。我兩件事都不想禁止。我希望我的小孩既是理解力高的讀者，也是熱情的電玩高手，而我的方法是和他們一起玩。這麼做還能讓電玩成為一種社交體驗，培養運動員精神，並且用滿直接的方法教他們怎麼打高分。他們有一個當老師的母親，還有一個可以解釋自動櫃員機先退出提款卡再吐鈔是為了避免結算錯誤的父親，因此很習慣任何日常經驗都能變成學習與實驗的機會。

我們選擇瑪利歐賽車不只因為大家都愛玩，還因為它相對簡單，而且必須倚賴技巧和練習才能進步。有些電玩太過複雜，必須研究所畢業才搞得懂所有按鈕的功能和遊戲目標，瑪利歐賽車的基本原理卻只要幾分鐘就能學會。其他電玩必須靠瘋狂按鈕和你爭我奪的大膽遊戲策略才能拿高分，這只會在遊戲者之間造成衝突，讓家長頭痛，因此我們一律禁玩。瑪利歐賽車必須冷靜、保持警覺和反應迅速，才能制勝，可以培養操作技巧和堅持不懈的能力。

瑪利歐賽車還能幫助我們學習全神貫注。我頭一回看別人玩，只覺得這個遊戲好吵、好手忙腳亂，集合了所有我不喜歡的感官元素。但當我開始玩，神奇的事情發生了，我的心靈很快濾掉了背景、群眾、標誌和聲光效果。我不但沒有分心，反而全神貫注在道路和我前方的賽車上。人在承受壓力並高度專注時，視野會真的縮小。我玩賽車的時候可以清楚**看到**這一點，讓我印象深刻。

我很想讓孩子察覺到這種變化，並且親身體會。我覺得只要他們能在玩賽車時學到這一點，或許在其他地方和其他事上也會尋求及培養同樣的能力。然而，要讓他們體會到這一點並不容易。我們第一次玩的時候，我兒子會一邊玩一邊碎碎念，而且說、個、不、停。這種反應不只不好，還破壞了我的如意算盤。於是我耐著性子向他解釋，打電玩就像進戲院看電影，必須尊重別人想專心的需求。我說，電玩高手能獲勝是因為他們學會專心，才打得好，對頂尖高手來說，專心才是真正的遊戲，比電玩本身更能帶來成就感。後來我的兒子還是會碎碎念，但表現愈來愈好。他和他妹妹每天晚上都能享受專心帶來的成果，要是爸媽也一起玩，他們還能學會如何當一個優雅的落敗者。

這麼做當然和到佛寺打禪七不同，卻是一個學習專注與靜定好處的有趣方法，能讓孩子發現唯有保持清明才能打好電玩，並且找出哪些遊戲可以帶來心流。對我而言，思考如何向孩子解釋又不會流於抽象，讓我更專注於反省自己為什麼喜歡瑪利歐賽車、觀察自己在遊戲中的反應，以及一起玩和獨自玩之間的巨大差異。解釋打電玩如何保持清明，讓我成為更清明的遊戲者。

數位閱讀和紙本閱讀

自我實驗可以幫助我們在面對資訊科技時，找到更清明的互動方式，還能讓我們更留意自己的工作和認知習慣如何受不同的科技所影響——無論是助長或阻礙。比方說，自我實驗可以幫助我們在面對日常生活最普通的抉擇時，做出最佳的決定，例如該用書本和紙筆，還是電子書、螢幕和鍵盤。

關於書本和閱讀的未來有很多爭辯，但焦點都集中在文學和圖書館之類的文化建制上，忽略了讀者和文本之間的交纏變得多麼緊密，次數又多麼頻繁。我們活在一個文字爆炸的世界，街上的標語、紙箱、報紙、衣服、儀表板、雜誌和其他千百萬個地方，我們都能看到文字、和文字互動。光是書本就包括目錄、地圖、史籍、百科全書、說明書、劇本和可沖洗的童書等等。我們和文字的互動方式，就和接觸到文字的地點及脈絡一樣多。我們開車會注意路標，吃早餐時瀏覽報紙頭版，工作時瀏覽網頁，在飛機上沉浸於小說世界，晚上睡前念書給小孩聽。閱讀涵蓋了各式各樣的活動，並且受地點、目的和媒介的影響。

雖然許多人說他們花在閱讀的時間比以前少了，但知識密集產業依然大量倚靠閱讀。為了瞭解人在閱讀時如何選擇，會挑選紙本或數位媒體，還有他們覺得兩者各有何優點，我訪問了幾位學者、科學家、工程師和心理學家。他們為了工作、樂趣和子女而讀書，接觸的閱讀媒介也有很多種，從部落格、科技期刊、待發表的科學論文、哲學手冊、學術專刊、小說、詩詞、字母書到青少年文學，五花八門。

他們和我們所有人一樣，也活在文字量子世界之中，文字能夠以實體或數位的方式存在。令我訝異的是，他們**每一個人**都建構了自己的波耳互補原理。波耳互補原理指出，電子能以粒子或波的方式存在，會看到什麼端視觀察者而定。對我訪問的這些人而言，文字可以是位元或原子，端視螢幕或紙張的能供性而定。

能供性（affordance）一詞出自《無紙辦公室的迷思》（*The Myth of the Paperless Office*）

一書，作者是艾比蓋爾・謝倫（Abigail Sellen）和理查德・哈潑（Richard Harper）。哈潑是劍橋微軟研究院的社會數位系統小組負責人，就是他邀我在休假年到劍橋的。他們在研究紙張為何繼續存在於辦公室、實驗室、配有電腦的警車，甚至航空交通控制中心時，發現紙張的實體性質讓人在獨立作業或合作時能有效地工作。儘管電腦商認為紙張是科技發展的拖油瓶，它的物質性只凸顯了人的弱點，但工作場合仰賴紙張的輕盈、便於攜帶、多變和可塑性才得以運作。紙張的能供性（也就是紙張擁有某些實體性質，允許不同的人以不同方式使用它）其實是它的優點。

我訪問的這些讀者，對於紙本和數位媒體的能供性，跟他們的閱讀習慣之間的關係、材料內容的性質、他們打算採取的閱讀方式，及如何處理讀到的東西等，思考了許多。對這些人來說，需要新聞、變動迅速的訊息，或可以很快從中挖到好東西、然後立刻忘掉的資訊時，網路就是來源。他們沒有一個人用文化權威或懷舊的理由來為紙本書辯護。當這些人選擇紙本書時，是因為它粗糙卻有助於認真而專注的閱讀。

科羅拉多大學波德分校人類學家伊莉莎白・鄧恩（Elizabeth Dunn）說：「看看即可的書，我就用 Kindle，需要認真搞懂的東西，我就必須讀紙本。凡是必須非常專心去瞭解、需要註記或詩詞一類的東西，都不可能用 Kindle 讀，因為我留不住太多讀到的東西，讓我之後想辦法搞懂。」VMWare 科技長史帝芬・哈洛德（Stephen Herrod）也同意鄧恩的說法。

他會隨身帶著 Kindle，但「只要是比較深入的文章，我覺得需要多思考才行，就會從網路列印下來讀」。

當你需要專注閱讀、避免分心時，書本和印刷品就有價值了。有趣的是，閱讀往往是很物質的一種閱讀方式。讀者常說他們必須畫線、註記或同時翻閱好幾本書，進行非線性、跨文本的閱讀。小說家南西．艾齊曼蒂（Nancy Etchemendy）說：「當書是參考資料或為了幫助我瞭解某個難懂的主題時，我覺得註記和書籤很有用，在電子閱讀器上還是很難做到這些事。」微軟研究院的科學家李和（Ho John Lee）說：「如果我在網路上收到一份重要資料，通常會先列印出來，以便攤開做記號和筆記。需要費時閱讀的重要資料，我從來不在網路上讀。」對視覺記憶力強的讀者來說，紙本書的穩定也很有用。鄧恩經常藉由概念在紙上的位置來記憶概念，但如果用 Kindle 讀，她就「只記得住論證的大概」，因此「凡是需要費力閱讀和專心思考的內容，我都讀紙本書」。對我來說，認真閱讀就像武術，包含了畫線、標記與註記，需要物質的參與和協助。紙張可以提供這些，螢幕卻遠遠不行。一九四五年，麻省理工學院教授兼超文本開創者凡內瓦．布希（Vannevar Bush）提出名叫滿覓思（memex）的電子系統，並且於五十年前想像，我們有一天將在滿覓思上進行深度、互動、連結式的閱讀。但直到今日，想認真瞭解一樣事物的人依然選擇紙本。

人需要和文字進行實體互動，這一點可以解釋我訪問的這些人為何不買電子書給小孩，因為他們仍然相信嬰兒需要可以互動、可以咬的實體書——iPad版的《拍拍兔寶寶》感覺絕對不一樣。拿著一本書，讀給坐在你身旁或窩在你懷裡的小孩聽，直到他們睡著，是一種非常物質和互動式的閱讀經驗。

不那麼需要用腦、對讀者和媒介要求不高，以及較不倚賴能供性的閱讀，比較容易數位化。伊莉莎白．鄧恩的Kindle便是很好的例子。裡面主要是她「需要知道但不需要深入**瞭解**」的小說和學術文章，通常「只要我有半小時想打發」就會拿出來讀。喜歡帶很多小說又想盡量減輕重量或目的地很遠的旅者，最喜歡電子閱讀器。我曾經訪問一個人，她就帶著Kindle到南極去了。沒有人希望在前往杜拜的飛機上只有機上雜誌可讀。某些電子閱讀器能自動調節亮度，這種能供性非常有用。我訪問過的一位工程師就很喜歡，因為他不用打開機上的閱讀燈便能看書，不會打擾到他太太。

最後，為了查出某項資料或概略瞭解某個主題的那種目標明確、投機式的閱讀，也幾乎都數位化了。當你一點滑鼠就能從引文連結到引文出處的法律意見書，並且將它貼到今日到期的備忘錄上，其實就沒必要去翻書了。

在這些讀書多年、閱卷無數、必須把書讀通的認真閱讀者眼中，紙本和數位媒體是不可交換的，選擇紙本或數位媒體也不是任意的。兩者各有益處，適合**不同**類型的閱讀。

我所訪問的這些人幾乎都有電子閱讀器，而且使用頻繁，但沒有人認為閱讀器可以取代書本，通常只有輕鬆的閱讀才會使用它。有趣的是，電子閱讀器製造商卻不是這麼宣傳的。他們認為電子閱讀器是喜好思考的認真讀者的良伴。

由於這種對於能供性的敏感，許多作家會遊走在紙本和數位之間。電腦非常適合快速寫作，紙本則有助於辨識文章的結構、判斷論證的流暢度，以及瞭解文章整體的平衡與語調。對某些作家而言，在實體材質上創作有一種細微難言的滿足。在手稿上標示註記、說明、訂正和便利貼，能讓創作變得具體可見。比起數位文件，附有標記的實體文件讓編輯和共同作者更容易掌握。作者一眼就能看到合作者做了多少改動，並能決定接不接受對方的編輯，以及接受到多少程度。

正是因為這種能供性，我有一些科技通朋友，特別喜歡在與共事者同處一室時使用群組軟體。設計共同編輯系統的程式設計師通常想像客戶分處不同大陸和時區，於不同時段編寫同一份文件。這種事確實會發生，但就像讀者已經察覺紙本和數位媒體各自適用於不同類型的閱讀，共事群組也發現，同時工作才能讓協同合作軟體發揮最大功效，而不是各自分散作業。

關鍵依然是能供性。和別人共同寫作有助於專心。共事者在場，加上你必須向他們負責，使得你不容易分心。此外，共同創作所需要的往來也快速許多。當我們和共同編寫文件的人坐在一起，就能直接腦力激盪或討論如何修改某個段落，並立刻行動。

這麼做還能大幅降低嘗試改變的成本，因為還原比較簡單。科技史學家露絲・史瓦茲・柯望（Ruth Schwartz Cowan）回憶道，一九八〇年代末期，她和丈夫曾經合作寫書，兩人起初使用打字機，但很快便遇到困難。她說：「我每寫好一章初稿就會拿給他看，他會剪剪貼貼，把稿子弄得亂七八糟，然後還給我，把我**氣得半死**，因為有些我覺得很好的地方已經改不回去了。」但開始使用文字處理軟體之後，「我們馬上發現我們不再氣惱對方了，因為無論如何改動，永遠會有一份原始檔。」他們可以回顧修改的地方，討論一番，然後另作嘗試。「在紙上剪剪貼貼真是災難一場」，因為改了就無法還原了，但在電腦上「就完全不一樣了」。使用文字處理軟體讓修改變成可以再商量的建議。

柯望的經驗，還凸顯了數位臨場協同合作另一項重要的能供性。它能讓我們看見對方的肢體語言，聽見對話中的語氣，判斷共事者對某個新想法或改動是贊成還是反對。人際溝通有許多非口語的部分，當面很容易察覺，但使用即時通或遠端作業時，非得說清楚才能明白。當協同作業需要用腦又涉及個人時，例如寫作文章，唯有看見共事者對建議的反應，並且立刻看到，合作才會最順暢，也比較能避免關係惡化。同處一地也能讓你從共事者身上學到更多東西。畢竟如果合作關係良好，你們能得到的就不只是合寫文件，還能夠建立連結，交換想法，並學習寫作和編輯的技能。同處一地能讓這些互動進行得更快速。線上協作系統有助於遠端共同創作，但當共事者同在一處時，這些系統能讓共同創作如虎添翼。

科技讓人更忙

我們還必須對自己和科技的關係採取更具生態面的看法，留心某些設備或媒體雖然讓**某些**任務變得簡單和迅速，卻讓我們的工作和生活變得困難。

這是自動化的諷刺之處。家電發展史就是一個很好的例子。美國在南北戰爭後的一百五十年間完成了工業化，發明了電燈和電力，汽車和飛機出現了，城市及郊區迅速成長，美國家庭愈來愈機械化與自動化。吸塵器、洗碗機和洗衣機等家用器具也許比工廠的機器小巧，卻徹底改變了家事形態，就像生產線和電動馬達改變了製造業一樣。然而時間研究顯示，數十年來女性花在家事上的時間幾乎沒有改變。一九七〇年代的婦女洗碗、洗衣服和整理房子的時間，和她們的祖母一樣多。科技讓家事變得輕鬆，卻沒有讓生活變得簡單。

一九八三年，露絲．史瓦茲．柯望在《母親事更多》（*More Work for Mother*）一書中提出這個弔詭。當時她和一些科技史學家開始重視科技的使用者及日常生活中的科技，不再只看重科技的發明者和創業家。這麼做起初很不受歡迎。柯望在紐約市郊葛倫寇夫鎮

（Glen Cove）的家裡接受訪問時說：「我在紐約州立大學石溪分校的同事都不跟我講話。」但《母親事更多》讓她出了一口氣。以讀者（尤其是職業婦女）反應之熱烈，那本書應該改名為《沒錯，家事還是好辛苦》（*You're Not Crazy, Housework Really Is Still Hard*）才對。

柯望起初並不相信時間研究的結果。畢竟將衣服放進洗衣機，**的確**比用洗衣板和浴缸還輕鬆。柯望表示：「我真的沒想到結果會是這樣。」原本的創新有用論變成了優雅的警世寓言。科技雖然讓原本的家事變得輕鬆，卻改變了由**誰**來做的分配法則，並提高了家事的標準，結果反倒帶來新的差事。

柯望發現，家庭自動化之前，家事基本上是性別平等的。妻子主持家務，丈夫和兒子拍打地毯、春季大掃除搬重物、照料馬匹和馬車，並幫忙採買，女兒協助母親，以便學習持家。除了貧苦人家，所有家庭都將衣服交給洗衣婦，每個月至少找人來協助家務兩次。

家務自動化後，家事被**定調為**女人的工作，尤其是母親的天職，而且必須獨力完成。開除女傭和在家洗衣所省下的錢，用來購買昂貴的家電用品，家事的標準也跟著提高了。原本是全家每年出動一次的春季大掃除，現在變成全年無休的吸塵與打掃。衣服不再穿了幾天或等到又髒又臭才換，也不交給洗衣婦處理，而是每天扔進洗衣籃，等著媽媽洗好、摺好。換句話說，「省力機器確實省了力氣，但也**製造了**新的工作，」柯望說：「如果洗衣量變多，洗衣機和烘衣機就省不了時間了。」

柯望的發現可以說是家事版的傑文斯悖論。一八六五年，英國經濟學家威廉．史丹利．傑文斯（William Stanley Jevons）發現，科技創新和能源效率提升並未減少煤炭的需求。由於新的燃煤引擎更有效率，加上價格降低，使得工廠和礦場紛紛提高產量，添購之前買不起的設備投入生產。傑文斯表示：「認為燃料使用效率提高會導致消耗量減少，根本是大錯特錯，情況正好相反。」效率提升會**增加**科技使用量，進而提高能源消耗量。

經濟學家對於傑文斯悖論的效力還沒有定論，不過柯望發現省力科技似乎常常讓人「選擇去做更需要勞力、時間和能量的事」。而且新科技從來不曾獨立於世界之外，但世界一直在變。家庭從城市移往郊區，女人的工作變得更費時，必須充當司機和車夫，送孩子和丈夫上學上班或到超市購物——因為超市變得離家太遠，不再適合派小孩去了。

科技不能脫離環境，往往是更大的科技或生產系統的一部分，因此系統某部分的改善必然會牽動其他部分，有時是負面的影響。反鎖死煞車系統在危急之際確實比一般煞車有效，但也讓駕駛更愛開快車，心想新的煞車系統會確保他們安全無虞。美式足球也有類似的現象。頭盔和護具數十年來不斷改進，但由於球員變得更魁梧有力，球賽的體能需求也不斷提高，使得球員的受傷率並未因而下降。

家事的例子顯示「工作」對科技活動和人類活動來說，指的是兩種不太一樣的東西。對機器而言，工作的定義非常狹隘。機器是設計來洗衣服、清掃地板上的灰塵、洗碗和其他特定任務的，只要做這些事就是工作。但對人而言，工作很少是這麼簡單，尤其當新科技提供了新的工作方式或提高了表現的要求標準時，更是如此。洗衣機問世之後，洗衣服就從每週一次的工作變成天天要做。手機和電郵的誕生讓客戶覺得律師必須隨傳隨到，老闆覺得員工週末也可以工作。**可以**聯絡到某人，就代表他或她**一定**得被聯絡到。他們說新裝置可以節省時間，但我們用了之後卻發現時間怎麼都沒了。

網路形象與現實形象的差距仍大

跟數位設備和數位媒體互動，讓我們有機會自我提升和自我實驗。這一點是芬蘭企業家賈諾・庫波能（Jarno Koponen）開發的演算法教會我的。

賈諾天資聰穎，身材瘦小，擁有思想史和設計碩士學位，看起來就像北歐文青後龐克樂團的鍵盤手，但他是Futureful的創辦者。我們倆在帕羅奧圖市中心的匹特咖啡館（Peet's Coffee）碰面。賈伯斯剛過世不久，馬路對面的蘋果旗艦店的櫥窗貼滿了便利貼，還有追悼者和粉絲送上的鮮花與相片，讓人再次感受到科技觸動人心的力量，光憑一和零就能帶來巨大的溫暖。

對於網路和社群媒體，一個常見的批評是它們讓人閱讀視野更狹隘，而非更加廣泛。

許多研究都顯示，我們的社交圖譜和閱讀習慣會複製我們現實中的偏見及政治觀點，例如左派和右派部落格的讀者幾乎完全不重疊。我們光是追蹤朋友和最愛網站的動態都來不及了，哪有時間探索整個資訊世界。面對數量驚人的訊息，我們選擇退回到熟悉的領域。Futureful 希望將「隨機性」重新引入人的線上閱讀習慣裡，幫助使用者發現自己不熟悉但會喜歡的文章、作者及網站。為了做到這一點，Futureful 必須認識使用者，依據使用者在網上所從事的活動來瞭解他對什麼感興趣。換句話說，Futureful 讓使用者看到自己在網路世界的樣貌。

在匹特咖啡館裡，我拿出筆記型電腦登入賈諾的示範程式。Futureful 立刻潛入我的帳號，用運算法開始分析我的部落格文章和推特等等。等待結果出爐時，鄰桌一名客人問：「您說您之前在 Futureful？」賈諾和他的公司在赫爾辛基，這是他首次造訪位於地球另一端的加州，但隨便一名陌生人竟然聽過這家只有五個人的新公司。這裡果然是矽谷。

結果出爐了，介面很有時尚感，典型的芬蘭風。我一直以為自己的臉書和推特網頁反映了真實的自我，但當我看見 Futureful 運算法找出的我的興趣（演算法眼中的我，以及對我在網路上樣貌的速寫）時，我起先很困惑，隨即擔憂了起來。

Futureful 眼中的我非常熱中政治，它所推薦的大多數是美國政黨和歐洲新聞的網站。不過，這些網站幾乎都是我不曾接觸過的，這一點它**確實**做到了。根據 Futreful，我還很憤世嫉俗。它認為我喜歡關切短視和貪婪所引起的貪污、災難與醜聞，而非歷史、設計、資訊科學或未來。沒有佛學和宗教，也沒有科學。這個人喜歡觀察人類的愚昧與蠢陋，是網路世界的孟肯（H. L. Mencken）。

要是我在派對上遇到這個人，我一定會想辦法找理由脫身。

當然，這個人**是我**沒錯。沒有人駭了我的帳號，但它切入的角度很怪，讓我在數位世界裡的身影變得非常偏頗（我覺得是）。這是怎麼回事？

賈諾開始詳細解釋 Futureful 的原理。運算法會先進入使用者的推特、LinkedIn 和臉書帳號。這些軟體支持第三方開發者，希望藉此提高用戶的忠誠度，並且設計了應用程式介面，方便程式設計師使用。對新進公司來說，從這三個軟體下手很有道理，因為它們共擁有十億多用戶，遠勝於規模較小的利基型服務，例如 Zotero 書目管理軟體和 Delicious 書籤網站等。

問題是以我來說，我有一大部分的網路生活，Futureful 尚無法接觸。例如它要是能分析我的 Delicious 帳號，就會發現我標籤了幾千本學術書籍和文章，對我的描繪肯定會大不相同。

不過，我一邊聽著賈諾解釋，心裡忽然察覺（不管這是好是壞）大多數人更常用臉書和推特來建立他們對我的印象，而非我在 Delicious 上建立的書籤。這套系統雖然有其限制，但完美複製了網路本身的偏好。

所以，為什麼我會那樣使用臉書和推特呢？用它們分享東西比用 Delicious 容易多了，幾乎完全不用思考。

這就是了——幾乎完全不用思考。

我會狂發臉書或推特，通常是在處理正事的餘暇、不怎麼專心思考手邊的事和最心不在焉的時候。

我和推特之類的社群媒體可不可能找到一種互動方式，不會凸顯我人格黑暗和冷嘲熱諷的那一面，而是更接近我希望成為的人——不管在網路或現實生活都是如此？我真的可以清明地使用推特和臉書嗎？

時時覺察與你互動的是人

臨床社工師瑪格莉特．蒙托勞（Marguerite Manteau-Rao）用另外一種方式表達。她問道：「如果佛陀生在現代，他會用臉書或部落格嗎？我想他會。」我會訪問瑪格莉特，是因為她在網路上非常活躍，推特有五千名追隨者，並且大量撰文闡述如何清明地使用社群媒體。我承認在她身旁一開始讓我有些不自在。我通常不喜歡從容不迫的人，因為他們讓我自慚形穢，覺得自己很沒教養，但瑪格莉特那種冥想而得的優雅實在令人無法生厭。她對自己的沉思方法非常認真，和運動員不相上下，並且率先使用沉思來改善失智症照護，幫助照護者更有能力照顧失智的患者、配偶或父母親，並且更體貼。你能對這種人不爽嗎？

瑪格莉特說，佛陀會用部落格，因為它是「接觸僧伽（僧伽是巴利文，意思為出家眾）的好方法。」她的法國口音讓「僧伽」兩個字聽起來格外輕柔。但她接著說，只要方法得當，社群媒體也能讓人鍛鍊清明和覺察。

首先也是最重要的一點，數位「僧伽」會慎於表達自我。「推特是鍛鍊正言的好機會。」瑪格莉特表示。別的不談，**正言**至少代表不殘酷和不聒噪，嘲弄及瑣碎當然更不用想。少往往是多。

有些人鍛鍊正言的方法是在推特上貼南傳《大藏經》或聖經的經文，每則一百四十字。聖塔克拉拉大學神學教授伊莉莎白．德瑞許（Elizabeth Drescher）解釋道，這種分享（轉貼、閱讀和思考短文）其實是古法新方。「聖經許多經文都**非常**適合推特，」她告訴我，因為「聖經本來就是容易記憶的模因（meme）」，專門供人引述、思考、冥想和討論。

想帶著覺察玩推特，就要瞭解自己的目的，知道自己為何上網，並問自己理由正不正當。我發現瑪格莉特說到推特時，有時說「使用」推特，有時說「在推特上」，這一點很有意思。落實到作為上，這代表你讀到某個東西，很想貼文嘲諷或閒扯時，必須停下來自問為什麼想這樣做。瑪格莉特承認她有時在大腦辛勤工作一天之後，會拿推特當消遣。她說這麼做本身不是壞事，但你必須隨時觀察自己的狀態，並隨之調整行為。身為讀者，當你的興趣或生活改變了方向，不要害怕取消跟隨。當你在別的場合出現更重要時，不要害怕離線。

你必須時時覺察一件事，和你互動的是**人**，而不只是訊息。科技和文字都只是工具。你所閱讀、跟隨或轉推的訊息都是真實存在的人所寫的，即使你接觸的是科技介面，也不該忘了背後的人。這會讓你專注於溝通的品質，而非數量。伊莉莎白・德瑞許表示：「如果我是使用推特的基督徒，那目標就是在所有人裡面看見基督」，並且鼓勵其他人在自己裡面看見基督。德瑞許是《愛耶穌就推特》（*Tweet If You Love Jesus*）的作者，這些年持續分享網路知識給主流的新教牧師，希望改變牧師們不願意將教會帶入網路世界的態度。她告訴我：「數位服事的重點不是宣道，我無意**推銷**教會，完全不想。」她認為牧師和基督徒面對社群媒體時，應該將自己想成「置身於人群**聚集處**的屬靈存在，加深和人的關係，好讓真實世界的生命得到轉變」。

數位僧伽將生活擺第一，推特擺第二。這表示你不應該覺得自己需要將生活的大小點滴都搬到網路上，就算新鮮事或趣事也不例外。將生活中的經驗轉化成故事的確很有樂趣，還能提供睿見。距離能讓人看清事件，明白其中的意義。當下看似災難的事件可能有好的後果，眼前的勝利也可能預言了未來的挫敗。將生活變成流水帳，很可能讓生命失去意義。擁有值得一提的經驗，思考之後再動筆，比匆忙描述更重要。先體驗、再分享，給自己時間思考你所做的事。數位僧伽三思而後行，絕不衝動。他們有話才說、才寫，而不是搶著跟著別人發言。清明的作者只有在某些時刻（例如早晚各一次）、心情（需要休息時）或達成目標時（完成某個待辦事項），才會上推特。這麼做能讓網路在你的生活中有所定位，不會讓你花費不必要的時間。

這些規則顯示網路上許多惡意、好辯和殘酷的對話並非無可避免。許多人覺得只要匿名就能大放厥詞，有了電腦就很容易忽略對方是人，或覺得成為網路暴徒很有意思。網路甚至給人一種感覺，似乎它具有某種特質會讓人變得反社會和反道德。但我們可以清明地使用社群媒體，就算有人在網路上表現得像野人，我們也可以不與之為伍。

掌握這些規則（謹慎上網、覺察自己的目的、記得螢幕的另外一頭是人、重質不重量、生活第一、推特其次、三思而後行）之後，我開始親身實驗，看我的推特會不會變得更像我自己。

遵守（至少試著努力遵守）規則幾週後，我察覺的頭一件事，是我上社群媒體的時間少了很多，但目標更明確。我大量減少轉貼和轉推，雖然沒有完全去除，但如果一支影片已經有一萬七千人按讚，我有必要錦上添花嗎？我開始將社群媒體看成一個機會，讓我思考手上正在做的事，反省它是否重要，又值不值得分享。每回思考過後，我往往發現我的朋友其實不太需要知道我在做什麼。

這讓我貼文的品質和語氣產生了變化。當我不夠專注時，我的推特和臉書還是相當散漫、不夠覺察，但只要我認真留意當下，我的推特串就比較像一本文藝復興時期的書，專門收錄自己喜歡的佳句、文章摘錄和評論，包含大量的引述與索引，連結到有趣的文章和別人的作品。至於臉書，我可能好幾天才會貼文一次，祝朋友生日快樂——我很喜歡臉書的生日提醒功能。

我也不再那麼討好別人。之前的我經常分心，每天會檢查推特好幾次，看有沒有人回推或喜歡我的貼文。但當我用更覺察的態度使用社群媒體之後，我不再感受到壓力，覺得必須經常發文或讓人覺得有趣。幾週後，我發現我不再清楚自己有多少跟隨者和朋友。社群媒體可以提供大量的正向強化，但是數字不再像之前那麼讓我有成就感了，和人接觸才會。

人不能踏進同一條河兩次，社群媒體也是如此。就算過去某張相片或評論造成的陰影揮之不去，想要回到某個時間點也可能比我們想得困難許多。當你放棄隨時追蹤所有朋友的動態，就必須接受錯過有趣事物的可能。

當我接受了這些事實，我發現自己也接受了社群媒體的短暫性。社群媒體不斷在變，我發現自己永遠也趕不上。隨時追蹤臉書和推特的動態消息，就像派對上同時聽十幾個人說話一樣，或許很刺激，但如果想從中挖掘自己的看法，只會應接不暇。接受社群媒體的短暫性，讓我比較容易放下隨時追蹤的衝動，也讓我接受一個事實，我寫的東西絕大多數都將隱沒，而我的想法也會改變。不過，這或許有利無弊。瑪格莉特建議我們：「別太執著於意見，反正意見通常不會太有趣。執著於意見並拚命回護，這麼做**真的**很無趣。」舊想法消失，新的、更好的想法才有機會出現。

科技也能培養新技能

以更覺察的態度使用科技，讓我們更有辦法從中培養意想不到的能力，更懂得讓資訊科技延伸我們的心靈。我們會更意識到不同媒介的能供性的細微差異，如何幫助或阻礙自己的工作，以及它們如何協助我們發展新的技能。

比方說，我發現數位相片定位軟體讓我更容易記住自己的旅程，更瞭解我眼中的世界是什麼模樣。

事情是這樣的：

我是相片分享網站 Flickr 的愛用者，已經用了非常多年，其中我最喜歡的功能就是位置標記。想將某張相片和某個地點連結起來，只要在線上地圖釘上一個數位圖釘即可，就像用真的地圖一樣。自從 Flickr 和雅虎地圖二〇〇六年聯手推出這項服務以來，我就成了有點狂熱的數位相片定位迷。一開始只是純粹的技客癖。我之前寫過文章闡述定位服務的未來，因此心想這是親身嘗試的大好機會（基本上由於隱私的關係，我不會標記家人和朋友的相片，而且標記熟悉的地點也沒有認知上的好處。愈新、愈異國、離家愈遠的地點，我愈可能使用數位相片定位）。

我每到一個新地方，總喜歡東走西繞，想多認識那裡，好避開危險地段，尋找有趣的地方，知道重要地標在哪裡。我不想錯過大的景點，卻也喜歡繞過轉角、發現導遊書上沒提到的很棒的小咖啡館、糕點鋪和書店的感覺（有多少旅遊者最喜歡跳脫導遊書的限制？）。因此，我非常喜歡適合漫步的城市。在倫敦，三條街之內一定會有古蹟或宏偉的建築、迷人的小廣場或有趣的街頭眾生相。套句約翰生（Samuel Johnson）說過的話，誰厭倦在倫敦散步，誰就是厭倦生命。新加坡是典型的熱帶城市，揉合了植物茂盛的公園、游泳池、橫跨三個世紀的美麗建築和南洋美食。布達佩斯是美妙的歐洲古城，小巷蜿蜒曲折，大街氣宇恢宏，還有美麗的多瑙河、褪色（但最近快速重新粉刷）的樓房與公寓，每條街上都有好喝的咖啡。

總之，我喜歡漫步。回到旅館之後，我喜歡回溯一天的遊歷，瞭解自己去過了哪些地方。我通常使用紙本地圖，用螢光筆標示路線。這麼做需要記住路名，知道自己走了幾條街才左轉，估計我在大街或堤防走了多遠才駐足拍照。由於我經常在夜裡散步（我白天的時間是客戶的），記住這些真的很難。我手邊的地圖往往是用陌生語言寫成，對記路線沒什麼幫助，而且我離開時常常忘了將地圖帶走。

Flickr的標記功能讓一切變得簡單多了。我重建旅遊路線的速度更快，也可以事後回顧，但讓我變成數位相片定位迷的是另外兩件事。

Flickr的地圖和其他數位地圖一樣，除了一般地圖（標示路名、河川和鐵路等的公路地圖）模式之外，還有衛星模式（空照圖）和混合模式（空照圖疊加在公路地圖上）兩種。衛星模式讓我更能精確掌握走過的路線、相片裡的景物和景物在地圖上的位置。沒有空照圖，我只能將相片定位到某條街上，有了它，可以精確到幾英尺內。但我必須有能力判讀空照圖，並將空照圖上的訊息和我自己的經驗連結起來。

除非你在中情局工作過或讀書時遇過變態地理老師，否則你絕對沒有能力判讀空照圖。將地面上看到的地標或街道和空照圖連結起來並不難，可是確實需要訓練。順利的時候感覺很像遊戲，想像我從空中往下看會是什麼景象。倫敦的特拉法加廣場（Trafalgar Square）是一道長影子（納爾遜紀念柱〔Nelson's Column〕）和幾個圖形（紀念柱周圍的獅子和附近的噴泉），萊斯特廣場（Leicester Square）是樹木和公園小徑外加周圍有如火柴盒的戲院。我有時會突然察覺某個東西原來那麼大（天哪，新加坡的新達城真的**好大！**）。當我想找之前搭計程車或地鐵去過的地方，只要知道那棟建築物的形狀和周圍大概有哪些房子，就能靠空照圖找到。

在 Flickr 地圖上標記相片需要結合三種知識。首先是旅遊的實體記憶，包括對去過之處的感覺和走了多遠，接著再利用視覺記憶將心靈向外延伸，從儲存於生物體內的記憶進入矽晶的世界，最後將你的實體知識和視覺記憶納入形式化的系統裡，也就是地圖的邏輯中。當你連結了這些知識，就是將個人從地面上見到的景象和形式化的高階圖像加以結合。它們是你的記憶，只是賦予了組織與結構。而在組織記憶的過程中，你塑造了自己對該處及其空間配置的知識。

你可能會說，既然我還是得用一般的地圖，學會看空照圖其實沒什麼用。或許如此。有一件事我們必須注意，就是新技能有時會犧牲舊技能，我們必須清楚思考要不要拋棄舊的技能。

開始用電腦思考之後

從事創意工作往往涉及複雜的資訊科技抉擇，建築教育和建築實務就是絕佳的例子。科技讓建築師得以探索新的幾何形態，模擬建築物消耗的資源，讓客戶透過虛擬模型瀏覽藍圖，卻也扼殺了繪圖能力，但幾乎所有建築業的相關人士都覺得無關緊要。

數百年來，繪圖一直是建築的基礎。藝術才能讓建築師有別於泥水匠、木匠與商人。素描及藍圖是建築師跟建築工人和客戶溝通的媒介，但更重要的，繪圖是建築師思考的媒介。繪圖能讓人學會觀察世界與表達自我。繪製平面圖和建築式樣非常費力，建築事務所會僱用大批製圖員繪製平面圖和斷面圖，任何改動都很昂貴費時。電腦輔助設計大幅降低了繪製藍圖和建築草圖的成本，但過去二十年來，它的影響遠遠不只於此。

一些建築師充分發揮電腦輔助設計的效能，創造了無法用紙筆、丁字尺和圓規做出的造型，其中最有名的是法蘭克．蓋瑞（Frank Gehry）的作品，若是沒有源自航太產業的CATIA設計軟體的輔助，他不可能設計和建造出大面積的曲面。模擬讓建築師得以預測建築物的能源消耗量（這在目前的世界是大議題），建立機場或購物中心之類的大型建案的交通流量模型，研究如何強化建築物的防禦以抵擋地震或恐怖攻擊。電腦輔助設計軟體讓建築師（和客戶，這點也很重要）看見不同建材可能創造的效果，做成的檔案也能迅速分享給包商、工程師和建築公司，有利於時程規畫和預算編列，讓建築師更能因應臨時的設計變動、預算短缺及工期延誤。分享還有其他意料之外的好處。二〇〇一年美國世貿雙塔遇襲事件之後，未來主義派都市規畫師安東尼・湯森（Anthony Townsend）曾說：「世貿雙塔裡的建築事務所靠著客戶留存的電腦輔助設計檔案，救回了許多資料。」換句話說，電腦輔助設計軟體讓客戶成了額外的檔案庫。

因此，建築師不再只是利用電腦，還用電腦思考。電腦網路成為事務所的神經系統，不僅是建築師跟客戶、建築工和政府溝通的媒介，更成為建築師的延伸心靈。

建築實務走向虛擬世界後，繪圖幾乎從建築教育中消失，連帶影響了建築師的思考方式。一九九〇年代以降，美國的建築院校陸續停開繪圖課程，因為校長擔心只會繪圖、不會使用電腦輔助設計軟體的學生，在高度競爭的市場中找不到工作，而且使用電腦也能提升工作速度。

然而，賓州大學建築系教授威妥德・里布勤斯基（Witold Rybczynski）指出，數位化和便利也讓建築教育不再如以往嚴格。建築製圖過去是建築師養成階段必學的核心技能，並且終其一生都需持續鍛鍊。繪圖讓學生對比例有更直觀而周全的概念，並能提高眼光的銳利度和想像力，對於技術層面的考量也更完善。繪圖的實體性（亦即紙筆和想像力的不斷互動）和緩慢，讓建築師有機會更覺察和投入，甚至讓他們有機會犯下可能激發新概念的錯誤。

相較之下，使用電腦輕輕鬆鬆就能繪出大量透視圖、進行修改並做出光鮮亮麗的藍圖，反而讓學生不會認真思考建築的基礎問題。里布勤斯基說：「電腦的高生產力有它的代價。敲打鍵盤的時間多了，思考的時間卻少了。」和里布勤斯基同在賓州大學任教的建築史學家大衛．布朗里（David Brownlee）便抱怨，電腦輔助設計軟體讓「所有學生的作品看起來都一個樣」。當然，建築和其他藝術一樣也有潮流與時尚，但繪圖讓學生的作品更具獨特性，而如今「科技卻造成齊一化」。使用電腦輔助設計軟體繪製的藍圖雖然精確利落，卻少了實驗和嘗試的空間，因為它們不可能擁有草圖的粗糙感，概念總在考慮周全之前就已經完成。

學生畢業之後，問題依然沒有解決。建築師倫佐．皮亞諾（Renzo Piano）解釋道，建築師面對特別複雜的建案時，尤其是機場、市政大廳和其他高規格的顯要建築，客戶往往要求成品既有特色，又很實用，於是「需要電腦來讓所有元素最佳化，例如結構和造型等等」。電腦輔助設計軟體在這方面厥功甚偉，讓建築師能夠掌握細節、推測更改某部分如何牽動其他元素（例如更改窗戶尺寸會如何影響空調需求等等）、模擬建築物在不同條件下的外觀（這一點尤其有用，因為客戶的視覺想像力不一定比得上建築師）。

然而，使用這些複雜又迅速的工具卻也限縮了建築師深入思考的機會，讓他們無法考慮工地和程式，找出客戶真正能接受的設計，將想法視為未完成的嘗試與實驗。如同皮亞諾所言，現在的軟體「讓你覺得只要按幾個鍵就能蓋好一棟房子了。然而，建築的關鍵是思考，甚至是緩慢。你需要時間，而電腦的壞處是它讓一切進行得非常迅速，快到你以為胎兒只要九週而非九個月就能出生，但懷胎生子終究需要九個月，而非九週」。芝加哥建築師威廉・哈欽（William Huchting）告訴我：「建築的首要關鍵是**思考**……在這一點上，繪圖的生產力」高於電腦輔助設計軟體。

艾拉普工程顧問公司（Ove Arup and Partners）的未來派建築師克里斯・呂布克曼（Chris Luebkeman）說，建築學仍在「尋找數位工具和實體世界之間的正確平衡」。艾拉普是最早將電腦引入建築的跨國工程顧問公司。一九六〇年代初期，他們使用ＩＢＭ主機，協助約恩・烏戎（Jörn Utzon）設計了令人讚嘆的雪梨歌劇院的薄殼屋頂。呂布克曼說，現在的設計工具「好得出奇**又**糟得離譜」。就創意而言，電腦輔助設計軟體讓建築師「看見氣流和熱流，徹底瞭解地點和空間的可能表現」，卻也讓學生以為「只要能用電腦畫出來，就代表它是可行的。軟體能讓設計完美但毫不可行的空間看起來很棒，創造出螢幕上美輪美奐卻不符人性、細節很糟的建築物等等」。

電腦輔助設計軟體對於建築和工程的實務文化，以及年輕工程師向老闆和老師學習的方式也有影響，而且不是很好的影響。呂布克曼在艾拉普工程顧問公司的辦公室裡說：

「十二年前，我們這裡還有大桌子和大捲的圖紙，還有人負責檢查平面圖，資深建築師還會看著後進建築師做事，而且是真的在背後看。」但現在「看別人的電腦螢幕是不禮貌的，因為那是私領域。那些在大桌上心照不宣的知識交流已經消失了。我們察覺到了這一點，並試著在半公開的空間討論建案，希望保留這樣的交流，不讓飲水機效應消失（亦即良好職場環境中私下交流和傳授知識的現象），但到現在問題還是存在，不只我們公司，而是整個建築業都是如此」。

不過，沒有人因此認為我們應該拋棄電腦，回到皮紙和墨水的年代，也沒有人這樣主張。沒有電腦和網路，現代建築不可能完成。數位工具已經滲入了建築產業的所有層面，例如皮亞諾的實務工作便是繞著某些大型建案而展開，這些建案的營造形式就像冰山的一角，底下需要大量數位架構的支撐。建築師只是呼籲我們，設法保留從繪圖過渡到數位化時所流失的技能。

如何清明地使用科技

當我開始記錄自己使用電郵的情形，結果讓我嚇了一跳。我計算自己在家裡打電腦、在銀行排隊和在校門口等小孩（還有等紅綠燈的時候，我承認）時檢查電郵的次數，發現我每天花在等待電郵下載和收件匣重新整理的時間，隨隨便便就超過一小時，並且花兩倍時間回覆郵件。這些事在當下**感覺**像工作，其實沒什麼長遠的價值。除了家人的電郵往來，我的收件匣幾乎每天頂多只有幾封郵件必須立刻回覆，其餘都是備忘通知、更新、廣告、全部回覆或垃圾信。

於是我開始實驗，調整我使用電郵的習慣，嘗試不同作法，看哪一個比較好。

我將自己訂閱的通知名單和電子報取消了九九%，並且在使用 iPhone 時關閉所有通知功能。我不希望讓訊息自我膨脹、自以為緊急，或趁我沒準備時侵犯我的注意力。我的工作沒有那麼多緊急事件，需要經常更新。偉大的資訊工程學家唐諾．克努斯（Donald Knuth）一九九〇年停止使用電郵，表示電郵雖然「對那些需要隨時掌握狀況的人是一大福音……但我的情況完全相反」，因為他做的是基礎研究，需要「長時間研究和不受打斷的專注」。我現在檢查電郵不會立刻盯著螢幕，而是按下更新鍵之後就將手機放下，或離開電腦螢幕前，專心忙別的事，讓電郵程式在背景執行。刻意不理它不會讓電郵程式加速運作，不一直盯著它連上網路也不一定會讓我更有效率，但我每回這麼做，就等於宣告我要讓專注力放在我所決定的方向，而不是被綁在網路上。這麼做等於宣告我才是老大。

不只電郵，我還將瑪格莉特．蒙托勞教我的原則應用在社群媒體上。寫電郵時不妨想想這些原則。我會問自己，真的需要發這封電郵嗎？對方已經收到很多電郵了，他會樂於再收一封嗎？還是打電話比較好？若我直接下樓去找同事討論，是不是就能省下六個小時，不用往返十封信了？假如我在收信群組裡，是每收到一封信就立刻回覆呢？還是等到一天結束了再慢慢回覆呢？重點不在切斷聯絡，而是以有利於眾人的方式使用科技，減少內在和外來的分心事務，讓我給對方應有的關注。

我在一天當中設定了處理電郵的固定時間，其餘時間就避免。既然我喜歡處理重要信件、討厭沒收到新郵件，那麼少查信就能減少負面情緒的產生。我也嘗試過只在單一設備上收發郵件，例如筆電或 iPad（後面這項習慣倒不見得一直遵守，因為如果我在看一本書，是否在單一設備查信，並沒有多大影響）。

我繼續嘗試不同的電郵使用方式，並且深信當我的注意力廣度改變、新的軟體出現、標準和規範以及朋友圈改變時，我就得再做調整。但擁有一些基本工具和自我觀察的習慣，正在改善和拓展我的延伸心靈，因此我想我可以找到方法建立新的平衡，並達到不役於物的沉著狀態。想成為一個清明的回信者，擁有運作良好的延伸心靈，這樣的狀態是必要的。

露絲・史瓦茲・柯望同意這樣的看法。她說：「我們對於自己使用科技的方式必須保持覺察。」對柯望而言，是科技發展史讓她更加清明，更深刻察覺人和工具之間關係的複雜與彈性。這份體悟改變了她的生活方式。她說撰寫《母親事更多》和思考「日常及世俗科技的發展史」，讓她「明白身為家庭主婦的終極目標，就是讓所有人離開家，讓我可以做別的事，讓小孩健康長大、讀書求學直到離家獨立為止」。她和丈夫討論如何達成這個目標，談了很多，只要某個習慣「對達成目標沒有幫助，我們就會捨棄。我的作息因此徹底改變。沒錯，家人每天都要吃飯，但需要大魚大肉嗎？不必！大夥兒應該齊聚一堂，一家人好好吃頓飯嗎？那還用說！」

柯望最近剛克服了電郵焦慮症。她說：「我以前一天只會收信一、兩次。」但是自從她離開紐約州立大學石溪分校轉往賓州大學，開始經常搭火車往返長島和費城後，「我就變得和其他人一樣，幾乎每小時都會看一次電郵。直到有一天我突然停下來，發現讀書或睡覺都比檢查電郵好。」柯望不是要我們毀了手機或建立完美世界，而是試著更清明地和這個世界共存。她說，我們對「自己使用科技所做的事」必須更留心。我們「必須緊盯終極目標，讓科技為我們效力，而不是由科技替我們設定目標。這就是保持清明。你必須養成習慣留意自己所用的工具，觀察它是否在幫你達成目標。如果畫筆沒辦法讓你在畫布上好好作畫，你就會換一枝。你是工匠，是畫家，心裡有一幅景象要表達，如果工具沒辦法幫你做到，立刻將它換掉」。

學習專注於終極目標、留心自己所用的科技、工具沒用就換，這三件事能強化你的延伸心靈，成為更好的人、更好的存在，成為延伸心靈的工匠。正確地使用正確的科技或許有幫助，但不足以啟發覺察。寫部落格的僧侶教會我們，即使活在永遠處於開機狀態的世界，我們依然可以學習、提升和沉思。他們還告訴我們，專注不是光靠去除來信通知、彈出式視窗、貓咪影片、電子廣告和穿得像伊莉莎白女王的狗狗畫面，就能得到的。專注不是帽子裡的兔子，隨時待命守候，只要把其他東西移走就會出現。專注是主動而有技巧地和刻意簡化過的世界互動。設計可以誘發沉思，也可以阻撓沉思，但你必須決心發展和使用那些技巧。要不要清明地使用科技完全由你決定，而你也有能力做到。

當你知道如何以更具覺察力的態度使用科技，以掌控自己的延伸心靈時，請做好失敗的準備，因為你一定會失敗。不過千萬別氣餒，而是將失敗轉化成休息充電的機會。

6

重新定焦

Refocus

下一回發現自己上網開始分心時，立刻去「發呆兩分鐘」網站（http://www.donothingfor2minutes.com/）。你會見到一張美麗的海灘夕陽照，聽見令人放鬆的海浪聲，還有倒數兩分鐘的計時器，螢幕中央打出一行字：**放輕鬆，傾聽海的聲音，別碰滑鼠或鍵盤**。只要你一碰，螢幕就會跳出一個嚇人的大紅框，裡面寫著兩個字：**失敗**！這可一點也不令人放鬆。我一位女性朋友說：「安安靜靜聽兩分鐘海濤聲很令人放鬆」，但她發現海平面不夠平，把效果都破壞了——就算放下平面設計，平面設計師還是平面設計師。不過，這個網站的概念還是精彩又簡單，希望運用科技幫人重新定焦，將專注力引回正軌，是很有意思的嘗試。

而且有時效果驚人。明尼蘇達大學景觀設計系教授芮貝卡·克林可在她的設計流程實驗課上，便會使用這個網站。每當她覺得必須打破學生的思考習慣，或鼓勵他們尋找自己的設計流程，就會要所有學生看這個網站。她說：「我們會發現課堂的氣氛改變了。」

大多數科技都希望引起和扣住你的注意，將它引向某處。「發呆兩分鐘」鼓勵你放下手邊的事安靜坐好，重新定向。它不會阻攔你分心，而是呼應你的心靈需要休息的信號，同時又不會太引人注意，沒有小狗在廚房地上溜來溜去，也沒有彈出式視窗。它只是提醒我們可以將計就計，用非常會讓我們分心的科技來幫助自己重拾專注。

讓人專注的空間

根據我前方螢幕上的地圖，我們剛飛過格陵蘭南端。我坐在舊金山前往倫敦的班機上，十小時的航程已經過了六個小時。環顧四周，除了我眼前的這一小池亮光，只剩下隱約可見的黑暗機艙。我的 iPod 插著一副降噪耳機，壓低了飛機引擎和機體以時速五百英里劃過高空的聲響，加強了我與世隔絕的感覺。機上大多數乘客都在睡覺，其餘不是讀書（那陣子國際班機乘客人手一本史迪格・拉森〔Stieg Larsson〕的千禧系列，好像規定一樣），就是看電影。我呢？我在工作，而且要做到睡意來襲為止。等我通過證照查驗櫃台時，肯定像行屍走肉。我會搭上希斯洛機場往劍橋的巴士，一路呼呼大睡。這很值得，因為我有不少最棒的思考經驗都發生在飛機上。

過去幾年，我經常搭飛機到各地向顧問公司簡報、會見客戶、提供預測或主持策略工作坊。旅行成為一件目標明確的事，就像做生意一樣。出差時只要一下飛機，我就搭計程車直奔會議中心、客戶總公司或直接投入工作。飛歐洲時，我通常只會花兩天時間，協助某個國家的政府部門或企業預測可能的突發狀況。時差還沒調整過來，我已經在回程的班機上了。

你可能覺得未來學家一定很會管理時間，但我總是拖稿或進度落後，因此背上工作愈來愈多，最後成了那種披頭散髮、整天趴在電腦前做 PowerPoint 簡報和大會議程的人。

但我慢慢發現自己在飛機上想事情的效率很高。處在遠離辦公室、七英里高的天空中，沒有令人分心的事務，面對絕對不能拖延的截稿期限，只有十二小時能夠**搞定**，我身上的壓力和自由混合得恰到好處，讓我工作努力又迅速。從舊金山飛往倫敦或法蘭克福的旅程長度剛剛好，十小時的飛行讓我有足夠的時間修改講稿，又沒有太多時間胡思亂想。

我發現自己心裡喋喋不休、容易分神的那部分安靜下來，由善於專注的那部分取而代之。做著做著，我從和問題纏鬥，變成看著問題自己找到答案。有時我回頭看自己剛才寫的段落，會忍不住驚嘆：我哪裡來的靈感，竟然能寫出**這一段**？

我之所以能進入這樣的狀態，一個原因是我的世界縮減到只剩幾樣東西，而且全在手邊。我知道如何將摺疊餐桌變成行動辦公室。在狹窄空間裡工作（可惜商務艙對我來說可望不可即，唉）需要謹慎和精心安排，所有東西都必須伸手可得，但又不會彼此妨礙。這天晚上，我的摺疊餐桌上滿滿擺著機上專用杯、筆記本、鋼筆、一本書和我正在構思的一篇文章的草稿，全都浸淫在座位燈的燈光下。我沒有趕稿壓力，不過還是興奮得什麼都做不了，只能工作。我當時正要開始劍橋微軟研究院的工作，並且為自己定下了一個大挑戰，準備在幾個月內完成——就是找出電腦可以幫人更深入思考而不會分心的方法。幾個月前，我和實驗室討論可能的研究題目時，心裡突然浮現**沉思式計算**這個詞。現在我正打算搞清楚它真正的含義。

我的專業是科學史，上次來劍橋是二十年前寫博士論文的時候。那一回我幾乎沒離開過圖書館，這回我打算多認識這個地方。我帶了兩本書當導遊，一本是詹姆士．華生（James Watson）描述他和法蘭西斯．克里克（Francis Crick）如何發現DNA結構的《雙螺旋體》（*The Double Helix*），另一本是天擇演化論之父達爾文的傳記。華生可能是造訪過劍橋大學最重要的美國人，雖然只待了一年多，從一九五一年十一月到一九五三年二月，但他和克里克卻擊敗了許多經費更足、更有名的研究團隊，解開了二十世紀最大的科學謎團之一。我的分量遠不及他們，但我想，對於想在劍橋大展智識鴻圖的美國人來說，華生應該是很好的指引。

這兩本書我已經讀過很多次，但從來沒當過導遊書或指南來看。這兩本書其實都可以改名為《如何在劍橋當個天才》。我翻著《雙螺旋體》時，突然發現了一件事。華生和克里克雖然很有企圖心，也很有動力，但書裡經常提到散步。華生抵達劍橋的第一天下午，他的指導教授約翰．肯德魯（John Kendrew）就帶他參觀了學院，而他和克里克在老鷹酒館午餐之後也會去散步。老鷹酒館是一五〇〇年代設立的知名酒吧，離兩人工作的凱文迪許實驗室（Cavendish Laboratory）只有一條街（我會帶《雙螺旋體》去那裡吃幾次飯）。造訪歐陸時，華生會參加長途健行。他和克里克解開DNA結構之謎後，他說他漫步「走向克拉爾橋（Clare Bridge），仰望矗立於春日天空中的國王學院教堂的哥德式尖塔」，想到自己和克里克的成就，「發現我們的成功多半源自我們在學院裡隨性所之的散步，以及到黑佛書店（Heffer's Bookstore）安靜翻閱新書。」

達爾文雖然貴為過去五百年來最重要的科學家之一，但他一八二九年抵達劍橋當時，幾乎沒有人看得出他未來會有如此成就。他父親讓他去愛丁堡大學研習醫學，但年輕的達爾文討厭看到血，並且深受自然史吸引。從各方面看，那時的他只是一個出身良好、表現普通的學生，預備當牧師了此一生，沒想到卻在自然科學找到了自己的熱情與天分。他的好學讓植物學教授約翰．亨斯洛（John Henslow）印象深刻。其他教授都稱達爾文為「亨斯洛的跟班」，但可能也很高興看他離開。達爾文在教室裡毫無生氣，唯有在野外收集和探險才容光煥發。一八三一年，英國海軍請亨斯洛推薦人選，到預定前往南非繪製海岸線地圖的調查船小獵犬號上，擔任助理自然學家。亨斯洛推薦了達爾文。

達爾文在小獵犬號待了五年半，觀察南非和太平洋的自然史，收集罕見稀有的物種，將旅行見聞寄回英國，讓他一舉成為當時頂尖的自然學者。一八三六年返回英國後，他在倫敦活躍的科學圈待了六年，後來才搬到安靜的鄉間隱居。他在自家附近找到一條散步路線，每天都能看到他一邊在地上翻翻弄弄，一邊思考。達爾文最有成就的時光都在活動。

如今我們認為生產力和創新的來源是速成工具、咖啡因，甚至冥想。《自然》雜誌二〇〇八年一項調查發現，五分之一的回覆者承認，自己使用安非他命緩釋劑或普衛醒（Provigil）來提高注意力，延長工作時間。然而，人類史上最重要的兩位科學家的解決之道卻是**散步**。散步的好處到底在哪裡？

達爾文的散步小徑

達爾文每天都會到「沙徑」（Sandwalk）散步。這條路從達爾文家族的「塘屋」（Down House）出發，全長四分之一英里，達爾文在這裡散步了近四十年。他和妻子艾瑪（Emma）一八四二年夏天從倫敦搬來這邊，遠離都市的分心事務。塘屋之前是牧師住所，擁有三英畝的花園和分成四塊草原的十五英畝土地。有些人認為達爾文搬到塘屋是為了遺世獨居。他們比較他在小獵犬號的辛勤生活、倫敦科學界的活躍忙碌及肯特鄉間的安靜歲月，認為他是刻意離群索居，甚至想逃離自己提出的演化論。不過，開放大學教授詹姆士・摩爾（James Moore）告訴我，實際情況其實有趣多了。

摩爾造訪塘屋和沙徑三十年，對達爾文的世界瞭若指掌，大到他的學說，小到他的日常生活，他對達爾文的瞭解不下任何人。他認為塘屋既是達爾文的家，也是他的聖殿、實驗室與堡壘。他甚至認為對達爾文的生命和思想而言，塘屋就和小獵犬號一樣重要。

摩爾指出，達爾文和艾瑪都在鄉下長大，肯特鄉間「無比田園和寧靜」的氛圍非常吸引他們。根據達爾文的計算，那裡「離聖保羅大教堂六英里、維多利亞車站八．五英里」，距離「倫敦橋兩小時」。就算現在，要到那裡也得從維多利亞車站搭火車到附近的布洛姆利鎮（Bromley），再搭公車到堂恩（Downe，下車站是艾瑪做禮拜的教堂），然後沿拉斯提德路（Luxted Road）走到塘屋。對達爾文來說，這裡離倫敦夠遠，足以讓不速之客敬而遠之，但又離得夠近，讓他想見的那些倫敦朋友不會望之卻步。

那裡還近得讓他可以繼續和倫敦科學圈保持聯絡，掌握最新的研究發現，幾乎沒有落差。從塘屋寄出的信約有一萬四千五百封保留至今，充分顯示了達爾文耕耘科學網絡的勤奮。在我們這個電郵和簡訊的時代，或許有人覺得十九世紀信件往來很慢，但在一八四〇年代，達爾文早上寄信給裘園（Kew Gardens）或皇家學會，大約幾小時內寄到，隔天就能收到回覆，內容從書本、幼苗到地質標本都有。消息傳播迅速，但無聊的傳言和令人分心的旁務都留在了城裡。

因此，達爾文在塘屋並非離群索居。他選擇親近朋友但遠離雜務，擁有「一個可以由他決定見誰的地方」，詹姆士如是說。達爾文甚至修改房子，讓他可以真的「照自己的意思看世界」。他在莊園北邊建了一道十二呎高的圍牆，其餘三面把土堆高、種樹，並且降低聯外道路的高度，最後再用修路挖掘出的燧石蓋了另一道牆。摩爾告訴我，「重點在於防止突如其來的打擾，只見自己想見的人。」

達爾文將塘屋變成科學實驗站，他可以自由收集和生產事實。他將一個房間改成書房兼實驗室，加蓋了一間溫室，將一部分花園挪作研究之用，讓他盡情鑽研動植物，從蘭花、藤壺到蚯蚓都行。他勤於觀察在地生態，跟養鴿人、馴狗師和農民聊天，從中得到的洞見不下於當年的出海遠行。事實上，達爾文傳作者珍妮特．布朗（Janet Browne）表示，「《物種源始》（*The Origin of Species*）所仰賴的浩瀚事實」，有許多都來自「維多利亞時期的生活習慣，例如書信往來和就近研究動植物的小規模實驗」。

達爾文說，如果真要說他有什麼能力，那就是能從別人忽略之處看到有意思的地方，並且找出背後的意涵。塘屋給了他一個空間，讓他可以仔細進行觀察，用必要的專注去觀察和思考其他科學家的忽略之處，認真反省與沉思。達爾文改造了塘屋，讓它強化他的專注力。他讓塘屋成為他延伸心靈的一部分。

塘屋最簡單也最重要的特色，就是散步小徑。達爾文很喜歡堂恩一帶的「狹窄小巷和高大圍籬」，並且在許多描述塘屋和鄉間生活的信中提到散步。他初次造訪堂恩之後寫信給哥哥說：「我覺得這裡的魅力來自幾乎每一塊地都有小徑穿梭其間（我們家的地也不例外）。我從來沒看過有這麼多步道的鄉下。達爾文搬進塘屋不久，就自己規畫了一條散步小徑。和現代的花園小徑及公園步道一樣，這條小徑也是以淺溝鋪上石礫沙築成。第一段於一八四三年完成，三年後，他向同為鄉紳科學家的鄰居約翰．路波克（John Lubbock）從爵租了一塊一英畝半的地，將沙徑延長為四分之一英里左右。沙徑這個名字是達爾文的小孩取的，他自己稱這條小徑為「思考之路」（thinking path）。

接下來近四十年，達爾文幾乎每天都會到沙徑散步。他的小孩或白毛㹴犬波利（Polly）有時會跟著他，而來訪的科學家則會和他一起在沙徑漫步，討論他們的研究。那一帶的土地當時多半還在使用，塘屋也有農業收入，供應龐大的達爾文家族支用。達爾文用錢謹慎是出了名的，非有必要，絕不修繕房屋。因此他在沙徑上投注了大量時間和精力，顯示他認為擁有一個散步和思考的空間非常重要。

散步到底有什麼特別之處？對許多思想家而言，最簡單的解釋就是散步能激發創意。自遠古開始，散步有助於思考和散步是一種冥想的概念便已經存在了。古羅馬人用拉丁文 solvitur ambulando（散步解決）來形容許多哲學家，例如狄奧真尼斯（Diogenes）、安布洛斯（Ambrose）、傑若米（Jerome）和奧古斯丁（Augustine）。佛教徒和基督徒都有散步冥想的傳統，認為短程小徑和迷宮可以刺激靈性的反思與更新。散步更是十八、十九世紀哲學巨擘的必備工具。巴黎的盧梭、哥尼斯堡（Königsberg）的康德和哥本哈根的齊克果，都以經常散步而聞名。齊克果更說：「散步讓我走進自己最出色的思想裡。」散步對身體和心靈都有激勵的效果，讓他沉迷其中。當代科學家也提到相同的好處。哲學家散步沉思的形象實在太過鮮明，讓尼采於十九世紀末期說出一句名言：「真正偉大的思想（包括他自己的學說）都來自散步。」為了反覆思考問題，哲學家、科學家和作家走過無數小徑，沙徑便是其中之一。

散步能激發思想，因為它讓人暫時脫離寫作、譜曲或計算之類需要專注的繁重工作，又不會讓心靈完全跳開。作家芮貝卡・索尼特（Rebecca Solnit）說得好，散步「是心靈、身體和世界協同一致的狀態」。當身體移動，眼睛吸收陌生或熟悉的事物時，心靈仍部分專注於某個棘手的問題或難纏的句子。對思考複雜問題的人來說，熟悉的小徑能占據部分心思，又不會全數取走，正好可以提供足夠的刺激，幫助潛意識斟酌兩難問題、檢視答案或打破思考的僵局。

達爾文一生最出色的思想和最銳利的觀察都出現在他走動的時光。幼年時的他在母親過世後，經常在鄉間長途漫步。他不曾透露那些年散步時在思考什麼，宣稱他不記得了，不過最近的研究證實，經常接觸大自然有益於身心靈的療傷止痛，平撫心情及情緒。雖然不一定會更開朗，但確實會變得更堅強，有能力面對挑戰。因此，達爾文或許從散步中得到了力量與安慰，讓他從此將行走和沉思連在一起，這麼想並非毫無根據。散步也為他成年後的發現提供了基礎，讓他喜歡野外的科學研究與觀察，更勝於埋首書堆。

散步對達爾文的思想過程如此重要，讓他有時描述自己對問題的思考時，會用散步走了幾個彎才想出答案來計算。我認為這種構思問題的方式對他尋求解答很有幫助。對達爾文來說，漫步沙徑就像走向問題的答案。

當他沉浸於某個問題時，沙徑就會安靜退到背景之中，而當他心思困頓或靈感枯竭時，沙徑就會幫他宣洩壓力，用迷人的景物吸引他。在整齊劃一有如一個模子刻出來的成排樹木之下，有著多采多姿的小小世界。梭羅在〈論散步〉（On Walking）中指出：「在方圓十英里或一個下午步行所及的土地、七十載人間歲月之間，其實可以發現一種和諧，是你從來不曾接觸過的。」周遭永遠有新的東西可以觀察：季節遞嬗、生長與凋萎的循環、動物遷徙，以及人本身察覺上至地貌、下至周圍的改變的能力。達爾文擅長留意小細節，不看出端倪絕不罷休，因此沙徑一定給了他無窮的小發現與小刺激。

沉思式的設計

如果我們運用達爾文「從平凡中看出不平凡」的技巧來研究沙徑，就會發現它是一個看似普通卻近乎完美的例子，說明了什麼叫作沉思式設計。

數千年來，建築師、園丁和一些人不斷使用同一套語言來建構沉思式空間。但跟建築式樣或園藝設計不同，建築工匠並沒有記述這套語言。一般人設計門面或房子時，都會拿式樣書作為參考，但設計沉思式空間時，似乎沒有人需要這種參考手冊，因為只要走進這種空間，就會立刻感受到。不過，心理學家和景觀設計師最近發現，無論公園或森林、教堂或實驗室、中世紀修道院或現代禪園、聖林或學校圖書館，只要依循幾個簡單法則，就能創造出安定心靈、激勵沉思的沉思式空間。

幾年前，芮貝卡．克林可受客戶委託設計一個冥想空間。她立刻做了所有專家會做的事，開始找尋介紹沉思式空間設計原理的書。關於特定場所的研究很多，從禪園、中世紀教堂到國家戰爭紀念碑都有，但芮貝卡說她很意外，竟然怎麼也「找不到任何關於基本原理的書」。最後，她找到一個理解沉思式空間的關鍵，就是鑽研復癒經驗數十年的心理學家史帝芬．卡普蘭（Stephen Kaplan）的作品。

卡普蘭念茲在茲的議題，是他所謂的導向注意力，也就是我們思考複雜問題或處理困境時所需的注意力。將心力集中於特定事物並抵擋分心的能力，卡普蘭稱之為抑制，功能在保護注意力不受侵擾。這種能力向來重要，但現代人比誰都需要它。問題是天擇當初挑選人類時，標準是誰能輕鬆密切注意危險動物或美味動物，而非注意交通、報表和商務會議的能力。人要專心並不難，卡普蘭寫道，但現代世界「讓重要和有趣變成兩回事」。我們一方面需要長時間注意基本上很無聊的事，另一方面，科技系統卻愈來愈複雜，兩個加在一起註定會是災難一場。從系統崩潰、車禍到其他的科技災難，許多事故都起因於無法專注，或無法將注意力迅速導向新的情境上。

不少研究顯示自然環境和景觀具有復癒力量，卡普蘭則找出了復癒經驗的四大特點。首先，復癒經驗是**心蕩神馳的**。克林可說，復癒經驗「讓人全神貫注，卻不要求意識的投入」。其次，復癒經驗會帶來**遠離感**，尤其是都市人或幾乎只從辦公室窗戶或車窗接觸到自然的人，更會有這種感覺。第三個特點，卡普蘭稱之為**全面**。復癒經驗必須「夠豐富、夠融貫……讓人感覺像另一個世界」。最後，復癒經驗有**相容性**，很容易探索和理解，因為它不會一次將許多不同的東西丟給我們。

我們都有過復癒經驗。當一本書讓你沉浸其中，帶領你走入另一個世界，讀書就是復癒經驗。欣賞歌劇或芭蕾舞也能讓你感覺踏進另一個世界（許多人形容音樂或偉大的演出讓他們神遊物外，這可不是隨便說說）。這些經驗都非常類似心流。

卡普蘭潛心鑽研閱讀和園中散步為何有復癒效果，而克林可的洞見，在於她認為這些原則可以用來瞭解人造環境和建築。

沉思式空間總是刻意簡單。建築物往往採用簡單的設計語言和顏色或以重複作為特點，庭院和公園則運用幾株安排巧妙的樹或植物來捕捉目光。隔音、遮蔭和陰影用來減緩視覺和聽覺的衝擊，促使來訪者放鬆與專注。**簡單**不代表「家徒四壁」，就算隱士的居所也會有窗戶、卷軸或十字架。沉思式的簡單更像博物館那樣，精簡空間好讓少數物件能夠凸顯。

這種簡單可以是一種策略，讓環境更寧靜，也能用來引導注意力，讓它更集中於某個場所、物件或儀式。當劇院燈光變暗、舞台劇開始，我們對劇院裝潢的注意就會消退。傑出的藝廊會使用空白空間或定位燈光，將參觀者的目光帶向某一張繪畫或雕塑。大教堂晚禱時點燃蠟燭，讓氣氛變得溫暖而親密，巨大的天花板隱入暗影之中，讓眼睛看見置身於更小更親密的空間中的敬拜者。

對比是沉思式空間的另一項特色。無論是山下的幽靜花園、通往河邊的石頭小徑或頂天而立的廟宇，這些景物將微觀世界與巨觀世界帶到一處，讓侷限的黑暗與遼闊的光明相比，人與自然並立。安排空間讓人工與自然相對照，或將參訪者從小處帶往大處、從暗到明，這些都能將過程變成一趟小小的朝聖之旅。

克林可說，最好的沉思式空間「往往必須提供遠離感」，以便「連結到某個更大系統或你生命某個部分的感覺」。造訪數千年前被一群為人遺忘的無名部落所敬拜的洞穴，或許能給人許多神祕感，但不太會帶來連結感。然而，都市公園卻擁有復癒的效果，因為公園雖然貼近訪客的日常生活，卻仍提供非常不同的感受。

的確，沉思式空間的創造者很早就發現未經馴服的原始空間會給人威脅感，毫無復癒的效果，但只要有一絲人類存在的跡象就會讓人沉著許多。荒山裡看到小徑或沙漠裡看到綠洲和遠方小屋，感覺和看到無垠的海洋或濃密的叢林完全不同。小徑或人造物能讓空間更容易被理解。小徑創造一個敘事，瞭望台和神龕提供目的地，移動就變成了朝聖。我們很容易忽視地點感（確定自己在哪裡、要去何處）對我們處於一個地方的感受有多關鍵。我們歡慶自己有漫步的自由，可是沒有目的地的感覺絕對和迷路不一樣。能夠漫無目的地移動，就表示你知道自己身在何處。想像你走在一個熟悉的城市，一下午沒有目的地信步而行，不過隨時留意自己的位置。接著想像自己在一個陌生的城市迷路了。你在兩個地方所走的路線可能一模一樣，但當下的感覺肯定不同。

沙徑具備了沉思式空間所需的一切特點。它刻意簡單，是他向鄰居約翰・路波克租來的土地上的一條長橢圓小徑，一側面向草原，一側面向樹林。達爾文沒有添加任何誇張或令人分心的人工雕飾，而是保持簡單，將小徑清理乾淨，種植樹木和灌木，不去挑戰圍籬裡那棵高大的老榆樹的地位，讓小徑的景致和周圍的鄉村風光和諧一致。

景致和路線雖然簡單，但達爾文放進了強烈的對比元素。他習慣從塘屋的南側出發，那裡的樹籬和柵欄比較矮，可以瞭望開闊的田野，看到更多遠方的森林與丘陵。這段路的終點是瞭望台，達爾文一家稱之為夏屋。接著他會掉頭向北沿著比較狹窄的第二段小徑走。那一段路樹蔭成行，比較幽暗，最終又會重見光明。

沙徑也是一條朝聖之路。要到沙徑，達爾文必須從後門走出塘屋，沿著筆直的大路經過溫室和花園，來到高聳樹籬間的一扇木門前，門外便是草原和沙徑的起點。這段路雖然距離塘屋只有一千步，但達爾文的孫女回憶，「感覺離房子好遠好遠，因為樹籬幾乎將人類社會擋在外面。」達爾文形容塘屋「絕對位於世界的盡頭」，而他將沙徑放在這盡頭的邊緣，讓它遠離這棟可敬的鄉間宅邸的繁瑣家務。

沙徑的美自然而不原始。達爾文沿著步道種植了山茱萸、角樹和其他五、六種樹木，同時改造他向路波克租來的土地，一側種植樹木和矮灌木，另一側架了欄杆。摩爾告訴我：「這裡是達爾文最偉大的園藝工程。」但除此之外，這條小徑設計簡單，結合了暗處和明處，並加以對比，視野由近而遠，混合了人與自然，將復癒環境和沉思式空間的經典要素充分融合為一。

如果我們將沙徑看成一種資訊科技，是達爾文用來讓自己專心的工具，這麼說會太誇張嗎？他將掌握自己進度的工作外包給一堆石頭，在路上逐一翻動它們以集中思考。他的小孩有時會將石頭藏起來，看他有多專心。他在塘屋完成了十八本書和論文，包括一八五九年《物種源始》、一八七一年《人種起源》（*The Descent of Man*）和七二年《人類和動物的情緒表達》（*The Expression of the Emotions in Man and Animals*）。他和沙徑共度了三十六年。假設他一年外出散步三百天，每天平均走兩英里，那他的思想之路總長將超過兩萬英里，夠他環遊世界兩周，徹底改寫我們眼中的世界。

聽摩爾談論塘屋，我想到達爾文設計沙徑時是多麼有耐心和確定，就覺得深受震撼。我活在一個任何計畫或案子只會持續幾週或幾個月的世界裡，期限永遠迫在眉睫，市場既競爭又無情，必須分秒必爭，否則就會喪失先機。達爾文的生活給我們的感覺是那麼陌生，但他所描述的大自然，那個充滿無止境的競爭與搏鬥的世界，卻讓我們一聽就覺得熟悉。我有好些天才朋友工作超級拚命，但他們所創造的事物最終都無法留存。他們為這些事物奉獻生命，卻一下子就被競爭對手粉碎並取而代之。即使是最出色的想法和最有價值的專業知識，也都短命得驚人。不出五年，現在所有尖端科技知識和價值奇高的專利，將再也不會被創投公司看在眼裡，只會被上海市郊某間工廠當成廉價的產品技術，拿來回收利用。同樣地，我們的生活還充滿了變動性。你可能在同一個地方待了三年，也可能從首爾到杜拜再到波德，不斷追逐新的機會。就算你不動，也會感覺自己有一半存在於雲端；要是移動了，等你回到家時，故鄉也已經完全變樣，讓你再也認不出來。

達爾文和我們不同。種樹當時，他相信自己會有數十年時間觀察它們，而它們也將伴隨著他的演化論成長茁壯。當他向路波克租下那塊地時，一心只想擁有「一條遮蔭的步道」和「照料修剪樹木的樂趣」。他在《物種源始》書末提到的「樹根糾纏的河岸論」，便這麼一點一滴，隨著他反覆漫步和觀察的小徑逐漸成形。塘屋時而刺激他、時而保護或支持他，數十年如一日。

突然間，這感覺就像完全不同的另一個世界。我們怎麼可能期望自己能複製出同樣的東西？

的確，我們大多數人都做不到，可是只要利用沉思式空間背後的設計原理，就算再小、再臨時、再意外的空間，我們也能從中創造出復癒經驗與互動，並學會使用工具創造出心蕩神馳、遠離、全面與相容。

短暫的中斷與隔離

克林可和卡普蘭的研究說明了我為何能將機艙變成沉思式空間。在那狹小擁擠的座位裡，我專注於能夠促成復癒經驗的所有元素，將飛機餐、備受壓力的同機乘客和艙頂置物箱的使用權之爭拋到腦後。我讓飛行成為我的沙徑。

我能做出這樣的轉換，基礎在於我將飛行、探險和發現深深連結在一起。由於父親撰寫論文的需要，我小時候住過美國也住過巴西。我對自己在巴西的童年生活已經記憶模糊了，但**旅行**的回憶依然清晰。無論搭乘夜間巴士前往瑪托葛洛索（Mato Grosso）和烏洛普雷托（Ouro Prêto），從熱帶海岸顛簸駛向內陸平原，或是搭飛機從里約前往布宜諾斯艾利斯或波哥大，還是俯瞰機翼下方的亞馬遜叢林或安地斯山，這些都比我住過的公寓或玩要過的公園還容易記得。對我而言，飛行始終帶著某種光輝與興奮，用卡普蘭的話來說就是**心蕩神馳**，是飛機誤點和飛機餐太貴永遠無法蓋過的。

我在一九六〇年代晚期愛上搭飛機，那時一般人負擔得起的國際旅行還是新鮮的概念，全世界也還沒有被跨國公司和連鎖品牌席捲侵占。我頭一回搭飛機時，歐美線客機才營運剛滿十年，北美到南美的直飛班機更是少之又少。對達爾文同時代的人來說，散步文化也是這樣一種新鮮事。少年達爾文在母親過世之後經常獨自漫步時，「散步是一種自我發現」這個浪漫主義式的想法才剛出現，而吉伯特．懷特（Gilbert White）所著、引起一波全民蒐集植物和標本狂熱的《自然史》（*Natural History*），也才出版三十年。文化上的關聯讓我將飛機和小徑都看成沉思式空間。

我現在發現，飛機的實體環境擁有沉思式空間的所有特色。狹窄的個人座位雖然擁擠，但井然有序，而且我需要的東西都隨手可及。機上座位就像公路戰士版的禪園，可以理解又完整俱足，空間雖小，智性的向度卻無窮無限。

大部分時間，我的專注力都集中在這一小方天地。夜行班機（這是我目前最愛的飛行時段）的機艙幽暗隱密，只有和我一樣的工作狂或失眠的乘客開著幾盞閱讀燈，電影畫面不時閃動。這裡不是森林，但光影交錯，安靜和偶爾的刺激混雜交融，讓我心靈鎮定，更加專注。

就連機艙裡的聲音也有助於專心。我會聽著音樂工作，但還是微微聽得見飛機的引擎聲，也感覺得到。人聽到低頻音會聯想到遼闊的空間，因此音響工程師會加強低頻音，讓空間感覺上比實際更大。電影從小景變成大景時，也會加入低頻音。我認為機上的座位雖然又窄又小，但引擎的低音和零下空氣摩擦鋁製機身所譜成的複雜交響樂，卻讓我感覺位子很大。

此外，無法上網也有影響。這是數位版的遠離感，讓搭飛機作為一種過渡更接近朝聖之旅。我知道自己無法上網或看電郵，因此連試都懶得試，也擺脫了查看新聞的焦慮。那些有如美味垃圾食品的數位分心事物都不在手邊，更棒的是所有人都無法聯絡**我**的感覺。

當然，我終將回到網路世界，但至少現在感覺還很久。長途飛行會讓時間暫停與延長。飛機終究會降落，但在深夜和破曉之間那一段被壓縮的時間裡，我既感覺到截止期限的壓力，又不受日常事務的拘束。我投入工作，遠離生活。

還有一點也很重要。經過連續數天的奔忙，就算我的心還在全速運作，我的人還在跨越時區，我的身體也**必須**停下來。即使我有機會（而且被迫）**不動**十個小時，但事前的準備和打包還是讓我的心一時無法平靜。這種快與慢、移動與靜止、身體固定與心靈加速的交替，創造了一種狀態，讓行動和思考不再如日夜更迭輪換，而是融合為一。

我們常將暫停和休息想成關閉鍵，人只有工作和不工作兩種狀態。對於企圖心旺盛的阿爾法人格者來說，如果人是作業系統，休息便是這系統一個令人惋惜的瑕疵。但復癒經驗並不要求你的心靈關機，也不會打斷運轉中的創意心靈，而是另外創造一個較為安靜、但同樣有價值的狀態，讓創意心靈繼續運作，只是方式不同，不那麼單一導向。

進入更能反思的狀態需要時間，不可能瞬間達成。當我冥想時，身體需要幾分鐘才能平穩和靜止下來，之後才能澄清心靈。學習如何創造沉思狀態和復癒空間，同樣需要時間。我搭機旅行多年之後，才有辦法在機上有創意地工作。然而，讓自己沉浸在復癒環境裡是值得的。學習將暫停和休息轉成充電心靈的機會，將心靈轉到低速檔，而非完全靜止，這麼做就算只有幾分鐘，也好處多多。

平常在一日工作當中，最容易聽見這種調性變化，但也能在經年累月中看到同樣的改變。達爾文為沙徑付出了數年的心力。他觀察早晨到午後的光影變化，留意季節遞嬗，用四十年的時間觀察自己種的樹木成長茁壯。他的智性道路及結合旅行與沉思的作法，展現了一個充滿創意的生命如何在數十年間，完美結合了活躍與沉思、旅行與休息、新穎與熟悉、源遠流長的獨處渴望與現代的社交方式。達爾文在一天當中遊走於不同空間，小心挑選自己進駐的地方和進駐他心靈的事物。結果不證自明。

我們描述復癒的詞彙還很貧瘠，甚至有人認為**分心**就是復癒。然而，一邊應付公司的緊急來電，一邊看 YouTube 上小狗玩撲克牌的影片，並且用即時通和朋友聊天是一回事，出門健行又是另一回事，兩者大不相同。復癒活動和復癒環境會占據你心靈有意識的部分，讓無意識的部分自由運作，無須刻意努力，同時知道壓力並不存在。

如果短暫的中斷還不夠，你不妨將平常隨身攜帶的裝置、所有能上網或有螢幕的東西和任何分心的來源統統關掉，關一整天。相信我，你真的可以。

7

休息

Rest

數位安息日

找一天傍晚，讓自己擺脫所有的有線和無線設備，關掉通知與更新，遠離一天當中成千上萬不停刺激你的微小的周邊連結，關掉網路，將手機調整到振動，而且放在桌上，不要收回口袋裡，讓平板和遊戲機充電，將手提電腦收進袋子放進衣櫥裡。

接下來二十四小時不要上網，不要檢查電郵，不要使用任何有螢幕的東西。拿出你上個月或去年開始讀的書，把它讀完，還有累積的雜誌。瞭解朋友都在做些什麼，而不是貼了哪些文。和他們一起煮一頓大餐。找出蠟燭和拔塞鑽，清潔乾淨之後用一用。整理車子或幫忙清潔單車。做什麼都行，只要是有趣、讓人專心、覺得更實實在在活著的事情就好。

起初一定不容易。如果你和我一樣已經習慣永遠掛在網上，少了網路只會讓你覺得沒有意義和生產力，甚至危險。萬一有人摔進溝裡，拚命發推特求救呢？要是錯過這則推文，你會有什麼感覺？別笑，真的有人遇到緊急事故第一件事就是發推特，**然後**才報警。萬一世界上某處發生了什麼事，而你一無所悉呢？理智上，你知道這種焦慮近乎荒謬，可是你確實如此感覺。這表示你真的需要休息了。

第二天傍晚，如果你衝回電腦前，覺得看著發光的螢幕就像過年回到家裡一樣舒服自在，請別擔心，你只是和其他人一樣。

不過，下週請再「斷線」一次。或許還是很難，但應該會稍微容易一點。

重複兩、三次後，你將會發現一些改變。除非你是記者、貨幣投機者或急診室醫師，否則你應該會發現，斷線並不會讓你的世界陷入一片混亂。許多電郵不是無關緊要，就是不必立刻回覆，而且數量多得驚人。我們只是以為所有訊息都很急迫，真的想要聯絡你的人還是聯絡得到。以現在的世界，大概只有在飛機上才算**真的**聯絡不到。

你可能覺得思緒變慢了一些，不過方向是對的。同時進行的工作、個人生活和網路上的分心事物，所激起的認知紛亂開始平緩，留下一種靜定的感覺。一般人常常覺得這種靜定無聊得可怕，必須找事情來填補空缺，其實它一點也不壞。你的延伸心靈往上躍升，注意力重新定向，你的人性面和科技面的平衡也開始修正，恢復平衡。

歡迎來到數位安息日。

和許多科技創新一樣，數位安息日運動也起源於矽谷。這個詞彙最早出自一堂介紹「如何協調內在和外在生命，依據個人價值而活」的課。授課老師是從事非營利事業和神職工作的心理學家兼循道會（Methodist）牧師安恩・狄倫許奈德（Anne Dilenschneider），以及教過許多矽谷執行長和經理的執行教練安德莉亞・鮑爾（Andrea Bauer）。

她們在各自領域都接觸過許多人。這些人每天工作十小時，從早到晚有收不完的電郵和開不完的會，失去了退而觀之和反思的能力。就連神職人員都用新創公司的角度看待教會，不斷面臨募款、開發新計畫、用PowerPoint製作講道詞和拓展會眾人數的壓力。家住北達科他州法可市（Fargo）的狄倫許奈德回憶道：「我們想開一堂課幫大家和自己重新連結。」她在法可市完成臨床心理學駐院培訓，目前擔任牧師。受到藝術創作者茱莉亞·卡麥隆（Julia Cameron）的「藝術家之日」的構想啟發，狄倫許奈德和鮑爾要學生「拔線」一整天，遠離工作和不斷侵擾的電郵，關掉呼叫器和掌上型電腦（她們二〇〇一年開課時，這可是最尖端的科技產品），完全只做低科技的事情。

狄倫許奈德回憶道，頭幾次安息日「很辛苦」，卻「換來精彩的對話，討論自己為何不能拔線，還有這個世界不會因為我們不上網而終結」。自從鮑爾和狄倫許奈德開課以來，數位安息日和其他類似的作法（例如拒絕螢幕週、離線運動或斷線革命等等）愈來愈流行，她們倆也吸引了許多重度上網但長於思考的人，形形色色非常有趣。

我訪問了幾個數位安息日的實踐者，希望瞭解他們為什麼開始拔線，還有作法及好處為何。這些人包括作家、顧問、律師、企業家、平面設計師、工程師和教育工作者，甚至廣告公司的主管。他們必須同時處理多個方案和客戶，需要創造力、自我管理與自我激勵，換句話說，他們需要大量多工作業，而且必須自主專注。他們都是數位通，但也對類比事物有濃烈的興趣。華盛頓大學教授大衛·李維（David Levy）是最早鼓吹定期離線的提倡者之一。他在史丹佛大學拿到人工智慧博士，而且在倫敦羅漢普頓學院（Roehampton

Institute）受過書法和製書的高等訓練。其他提倡者包括啤酒製造商、廚師和極限運動員。他們都樂於分享自己的故事，但不希望被人視為反科技或反現代分子。談到數位安息日的時候，他們幾乎每個人都會說出類似「我不是反科技的盧德派（Luddite，編按：十九世紀英國反工業革命與紡織業的運動），只是——」的話來。

有些人是意外發現數位安息日的。例如，瑪莎・洛克（Martha Rock）會發現完全離線的好處，是因為她家遇到了一個很爛的網路服務供應商。她原本在矽谷一家科技公司擔任顧問，最近剛轉換跑道成為幼稚園老師。然而，她發現自己還是「被電子產品的噪音所淹沒」。瑪莎家是重度上網的一級戰區，她經常看到她的兒子「一邊看書一邊聽音樂、發簡訊，電腦上還在播放YouTube的影片」。而她的丈夫和她約會時，則是不停查看黑莓機。回想當時，和網路服務供應商打交道的經驗很挫折。她用略帶嘲諷的憂傷語氣說：「我都被他們弄哭了。」她不是刻意開始數位安息日的，不過網路故障給了她一個愉快的空檔，讓她得以躲開四處尋找志工參與學校活動的家長和期望她隨時上網的校長。

大衛・沃泰勒（David Wuertele）和數位安息日的相遇，要歸功於他當時還在學走路的兒子。大衛是泰斯拉電動車公司（Tesla Motors）的工程師。這家公司所生產的高性能電動跑車，目前是具有環保意識並關懷社會的創投家和執行長的必備代步工具。從他在柏克萊念大學開始，大衛一直覺得上網「就跟呼吸一樣自然」。但從他開始每週六都陪一歲的兒子到公園玩，離線狀態便走入了他的生活。他起初會帶平板電腦，但發現兒子有時想做什麼，「我卻要他等我寫完電郵或某一段。」他擔心兒子會覺得受到冷落，而電郵則會讓他無法專心於親子相處，錯過了重要的小時刻。因此他開始將平板留在家裡，關掉手機，帶一本書等兒子睡著的時候看。

謝伊・寇森（Shay Colson）第一次離線，是他帶妻子去峇里島蜜月旅行一個月的時候。謝伊是標準的科技通，光聽通知聲就曉得某人的手機是安卓、微軟或蘋果系統。但他在雪城大學（Syracuse University）念了幾年資訊工程之後，決定「找機會重新設定」自己和其他人的溝通形態，更新他和科技的關係，因此他和妻子從西雅圖塔科瑪（Seattle-Tacoma）機場出發時，兩人只帶了紙本導遊書、紙本機票和列印出來的訂房資料，電子產品只有一台數位相機和兩人共用的 Kindle。謝伊發現，由於他無法上傳相片給臉書，並且貼文說：「天哪！我竟然一邊潛水一邊玩推特，哈哈！」他反而更能享受當下，更能「和我老婆為伴，充分體驗周遭的一切」。

塔咪・史托伯（Tammy Strobel）希望生活能更簡單、更有意義，數位安息日是她朝此目標邁進的一部分。身為作家和網路設計師，塔咪這兩年不斷嘗試主動簡化生活的方法，包括捨棄手機及汽車，和丈夫搬進奧瑞岡一間按照他們想法設計、只有四坪大的房子。她會開始執行數位安息日，是因為她覺得自己用電郵和上網「來躲避奮發工作，還有『天哪，我寫的東西真爛，我完了』的恐懼」。她發現電郵和網路愈來愈像令人分心的事物，而非工具，於是開始在週末執行「大離線」，關掉電郵和無線網路，改成讀書和陪老公。

克莉絲汀・羅森（Christine Rosen）是作家，也是《新亞特蘭提斯》（*New Atlantis*）雜誌的資深編輯，曾經報導 DNA 指紋和全球定位系統如何悄悄改變我們對時間、工作及家庭生活的概念。寫完報導之後，她便開始嘗試數位安息日。寫作讓她強烈意識到科技是必需品，卻也會妨礙人。她先生有一天拿著手提電腦到起居室，羅森發現「小孩們立刻被電腦**吸住了**」。從那天起，電腦再也不准出現在家人相處的空間。羅森還發現上網改變了她的閱讀方式。她說：「我很喜歡讀書」，但「線上閱讀感覺很零碎，沒什麼樂趣」。她在電腦上安裝了史圖茲曼的 Freedom 網路遮斷軟體，並開始在晚上撥空專心閱讀。做了這些，離數位安息日就只剩一步之遙了。

在最初的課程裡，狄倫許奈德和鮑爾建議學員事前規畫安息日活動，將家事和雜務處理好，免得分心，並且設計一個簡短的儀式來為安息日畫下句點，返回正常生活。十年過去，面對社群媒體、iPhone、Xbox 和雲端的興起，現在的數位安息日實踐者是怎麼做的？他們關掉了什麼？怎麼度過一天？而離線生活又給了他們什麼？

離線的實踐原則與謬誤

時間通常是最好決定的：從晚上到隔天晚上或週末的某一天，這兩個是最普遍的選擇。數位安息日愈像儀式一般可以預測，就愈容易開始和維持。

不過，要關掉**哪些**裝置就得花一點腦筋了。受訪者當中，沒有一個會關掉所有裝置。我一位朋友就很可愛（但也很不正確）地說：「我實在沒辦法變成艾米許人（Amish，編按：源於瑞士再洗禮教派的分支，世居美國賓州，不使用電力與汽車等現代技術）。」有些人以配備為準，例如關掉有螢幕的裝置、有無線網路的裝置或有電源鍵的裝置。這種規則很好記又好執行，對小孩尤其管用，也可以清楚區隔數位安息日和正常生活。不過，你也可以只限制特別令人分心的軟體或裝置。有些受訪者會關掉手機和電腦，要求小孩交出掌上型遊戲機，但准許全家一起用 Xbox 玩吉他英雄。

許多數位安息日實踐者是依據科技的心理影響力來決定關閉哪些裝置，而不是裝置的技術規格。例如，作家兼顧問葛溫．貝爾（Gwen Bell）選擇關掉「所有我覺得會讓人上癮的東西」。謝伊．寇森則認為上網是一種「帕夫洛夫效應」，讓人「隨時等著對自己無法直接控制的刺激做反應」。依據這個定義，看電視算上網，在 Netflix 等候 DVD 或欣賞數位影音不算。手機開著鈴聲和電郵通知算上網，切到靜音算離線。他說：「重點在控制、心理能量和你本身的輸入與輸出。」想要做出選擇，你必須檢視自己平時使用科技的習慣，思考哪些裝置對你心理負擔最重、最容易讓人分心，判斷哪些互動可能上癮。自省是成功離線的第一步。

可惜的是，離線的下一步是錯誤引導。我們已經習慣認為離線就會錯過，而今日的社交生活是平面網絡，而非由親而疏，凡是主動脫離網路世界的人，都是懷有惡意的反社會分子。瑪莎・洛克告訴身邊的人她想減少上網時間，但他們的反應讓她嚇了一大跳。她說：「他們會問：『妳能負責這次的烘焙義賣嗎？』為了我的健康和幸福著想，我會跟他們解釋我為什麼做不到。我以為自己這麼做很真誠，坦白我的脆弱，沒想到**我**真是太天真了。他們都嚇壞了。他們**根本不想**聽到這種話，覺得我很**惡毒**，甚至**不堪一擊**。**喔，妳看看我們，看我們這麼努力維持心理健康**。不然就是**去妳的，那我的烘焙義賣怎麼辦**？真是快要動搖我的世界了。」寇森則說：「你不必跟別人說你要離線，因為這樣他們就有機會反對。」不過他也坦承：「現在只要有人追問，我就說我家沒網路了。」

你不必和**真正**需要你的人切斷聯繫。身為社會學家口中的三明治世代——亦即上有父母、下有兒女要照顧的世代（更早一點，這樣的人在社會學家口中有另一個名字，就叫「女人」）——許多現代成年人一想到別人聯繫不上他，就覺得於心不安。數位安息日不是叫你不負責任地切斷所有聯繫，而是要你濾除不必要的分心事務，例如客戶臨時想到的急事或推特上的暴走文，同時不會錯過安養院或小學的來電。最新的可愛貓咪相片會讓人分心，擔心別人找不到自己的焦慮也會，而且不比前者輕微。

回想哪些活動會讓你沉浸其中。要想對抗數位分心事物的入侵，閱讀是最普遍的作法。第二名是寫日記。在好用的日記本裡寫字，能讓你重新體驗墨水寫在紙上的樂趣，將書寫的緩慢與墨水的久遠視為一種邀請，要你字斟句酌。烹調需要專心，講求創意，而且看得到、摸得著，可以一個人做，也能眾人同樂。縫紉和編織也是如此。大衛．沃泰勒形容自己是「工程師的工程師」。離線的時候，他會在家自己設計和製作不鏽鋼零件，建造職業級的釀酒設備。宗教界之前就有同樣的例子。修士湯馬斯．梅頓便曾經宣稱：「我愛啤酒，所以也愛世界。」

這些活動都很複雜，卻也是能力可及的，能夠吸引感官、讓人全神貫注，並且立即帶來回報。這些活動幾乎都可以一個人做或和朋友一起，端視你的心情和環境而定。這些活動能帶來一些數位互動和上網所能得到的刺激，卻不會讓人分心，也不會給你被迫切割自己、將注意力切成兩半的感覺。這些活動能帶來復癒的心流經驗。

要有耐心。長時間離線起初很難，這很正常。你的心靈需要時間才能學會放慢速度，好好利用這份陌生的自由。許多人談到第一次關閉網路和電郵一整天的經驗，都說感覺很緊張。有些人覺得自己陷入了畏縮狀態，還有些人覺得很難甩掉上網的習慣。第一次的數位安息日，葛溫．貝爾為了舒緩自己更新貼文的欲望，只好「紙上推特」。所有人一開始都會擔心，有沒有緊急的電郵在收件匣拖太久沒回、錯過電話或漏了重要的新聞。但我的受訪者都說，數位安息日做了幾年下來，他們**從來不曾**錯過任何重要的聯絡，真的需要找到你的人**一定**會找到你。

重新認識自己是誰

不要把數位安息日當成一天的休假。狄倫許奈德提醒我，猶太人認為安息日是特殊的時間，讓信徒「記得自己是神按自己形象所造的，人的價值不在於他的**行為**，而在於他是**誰**」。但如此一來，你就得努力瞭解自己是誰，因此「人有義務認識自己，有義務覺醒和覺察」。換句話說，你必須跳出商業活動和數位連結的匆忙奔流，進入一個大不同的空間，由靜定取代速度，反思取代反應。這麼做，邀請你將數位安息日當成靈性更新的機會。

你或許覺得這個想法很異類。是的話，你其實並不孤單。數位安息日運動對於本身的宗教根源有一點矛盾情結。狄倫許奈德和鮑爾二〇〇一年首次開課是在路德會教堂，二〇〇九年出版的〈安息日宣言〉，則是改革派猶太教團體「重新啟動」（Reboot）的作品。這份宣言列舉十大原則，希望幫助世人「在日益狂躁的世界裡放慢生命的腳步」。雖然它建議我們關掉電子產品、跟親人建立連結、喝酒、點蠟燭和吃麵包，這些都帶有猶太教的色彩，但宣言本身刻意避開宗教，強調普世皆同。

我採訪的數位安息日實踐者多半不是虔誠的信徒，其中一些人只說自己「還算信奉宗教」或「追求靈性」，而不說自己很虔誠。這和我不斷聽到的「我不是反科技的盧德派，只是——」，有異曲同工之妙。人會為自己的行為畫下界線，這讓我百思不解，便去請教洛杉磯大學猶太會堂的大拉比莫利．費斯坦（Morley Feinstein），希望知道箇中奧妙。費斯坦在美國中西部和加州都有會堂，外表和一般人印象中的拉比完全一樣，簡直能上電視演戲了。事實上，他還真的曾在情境喜劇《人生如戲》（*Curb Your Enthusiasm*）中軋過一角。

費斯坦告訴我，許多人「明明很傳統，卻不敢說自己是信徒」。誠如心理學家戴洛．班姆所言，重點在自我認知和你覺得別人會怎麼看你。宗教是你祖父母才相信的玩意兒。費斯坦接著解釋，說自己「追求靈性沒問題，但只要說自己有信仰」，你就會覺得別人一定「馬上就認為你是波洛公園（Borough Park）來的」。波洛公園是紐約布魯克林區的哈西迪（Hasidic）猶太人大本營。

費斯坦聽起來很生氣，其實他很能體會那些需要暫時放下電子設備、卻不知如何向自己解釋的人的心情。他說：「當某人說『我為了安息日關掉 iPhone』時，他的意思不是『我需要喚回我的神經元』，而是為了得到靈性、情緒和健康上的好處。這就是道地的信奉。但身為酷哥酷妹，你很難承認這一點。」而數位安息日只不過是源遠流長的「安息日新解」運動的一部分。其他宗教儀式或許可以看成農業時代的殘餘，應該被拋棄，或太過嚴苛不適合現代人。但安息日是「唯一寫入十誡的節日，因此永遠不會失去它的意義與力量」。這是必然的演進，無可避免，因此（費斯坦接著說），「每十五年就會有一股力量推動它，讓安息日變得更有意義、更好接受。」安息日不斷推陳出新，數位安息日只是這股潮流的最新發展而已。

我很認同數位安息日應該及於眾人，而它和宗教教條劃清界線也有道理，且不應該拘泥於規範的細節而窒礙難行。沉思式計算一個基本原則就是瞭解什麼對你適用。

過去一些介紹傳統安息日的著作裡，有不少很有價值的想法，無論你信仰為何都值得參考。不過，宗教文本有益於我們思考科技，這一點可能不是那麼明顯。鑽研猶太教對安息日的看法，或許會讓你有一點不舒服。

人與時間的另一種關係

我很瞭解。我自己完全沒有宗教信仰，而我的朋友不是普遍的懷疑論者，就是週日（或週六）為了工作、小孩的體育活動或家務事，忙得沒空上教堂或會堂。我對宗教抱著分析和人類學的態度。我觀察信徒的行為，知道宗教豐富了他們的生命，但我就是經驗不到。所以當我讀到拉比亞伯拉罕・赫歇爾（Abraham Heschel）一九五一年出版的《安息日對現代人的意義》（*The Sabbath: Its Meaning for Modern Man*），發現簡直就像在對我說話一樣時，你不難想像我內心是多麼驚訝。

這本書不是安息日指南，而是分析安息日的深層意義。出版六十年後，這本書依然像是一塊珍貴的寶石，小巧、多面而耀眼，確立了赫歇爾身為二十世紀最有智慧的猶太教神學家的地位。紐約猶太教神學院校長丹尼爾・內文斯（Daniel Nevins）解釋道，赫歇爾「詩一般的文筆依然備受景仰」。莫利・費斯坦也表示贊同：「他受到徹底重視。」接著更補上最高的讚美，說赫歇爾是「現代神學的愛因斯坦」。

將赫歇爾比喻為愛因斯坦，其實包含兩個層面。赫歇爾的文筆顯示他具有絕世天才，而《安息日對現代人的意義》就像愛因斯坦的相對論，也在探討時間和空間的本質，以及人與時空的關聯。

赫歇爾主張，安息日雖然稀鬆平常，卻是建立在幾個激進的理念上。它是非常平等的：所有人都有資格過安息日，包括奴僕和窮人，連馱獸也不例外。它將某個**時間**封為神聖，而不是某個空間，這一點非常創新。古人敬拜住在聖林、森林或山上的神祇，但舊約創世記卻只說世界是好的，唯有安息日是神聖的。因此，赫歇爾結論道，猶太教「是一個神聖化時間的時間宗教」，而聖經鼓勵讀者明白「每個小時都是……獨一無二、無比珍貴的」。

在猶太教的「時間構築」裡，最首要的就是安息日。它也是所有猶太教紀念和儀式的頂點。赫歇爾說：「安息日的意義在於慶祝時間。」相較於其他猶太教儀式，只有安息日旨在讓信徒感受到神聖與永恆。猶太曆法中的多數節日都是出於自然規律或歷史，安息日卻和陰曆或季節無關，而是仿照上帝創造萬物的循環。安息日鼓勵信徒用神創造時間和空間的方式來看待時空。赫歇爾主張，事實上，「安息日的本質和空間完全無關。」他「在時間裡建築了一個由靈魂、喜悅和公義構成的聖殿……提醒我們離永恆不遠」，讓我們「變得敏於感受到時間中的神聖」。

赫歇爾是備受敬重的東歐拉比世家之後，在柏林成為哲學家，於二戰爆發前夕逃離納粹德國。對他而言，一個「存在於時間向度中」而能超越空間的失落的信仰，肯定充滿力量，撫慰人心。然而，他對時間、更新及安息日與日常生活的關係的看法，可以加深我們的理解，讓我們更充分發揮數位安息日的效果。

即時與當下的陷阱

安息日「離永恆不遠」，並且無視於急速的政治或商業步調，完全不同於新聞和資訊流動、金融交易和網路活動不斷的時段，也就是即時與當下。**即時**一詞最早出現於一九五〇年代末期，是資訊工程師發明的詞彙，用來指稱可以迅速分析和回應訊息的系統，起初只是為了打造能**反映**現實的電腦，後來卻擁有了**改變**現實的能力。如今「即時」能帶來迅速而巨大的財富。只要比競爭者快幾毫秒完成交易，更快將產品推上市場，誘惑社群媒體使用者，讓他們以為自己**當下**就能知道別人在想或做什麼，就能賺進大把鈔票。處在這樣的世界，只要離線就會虧錢，就會失敗，即使離線片刻也不例外。

即時最固定的一點，就是內在的不穩定性。當電腦系統愈來愈快，即時也跟著加速。當電腦系統愈來愈和世界緊密交織，對即時的需求也愈來愈侵入我們的日常生活。這樣的需求是強制而持續的，總是想要（而且要**你**一起）快一點。它不像十九世紀工廠和鐵路對時間標準化的需求，看重可預測性，完全照天文事件的精確時程來校準。它跟自然規律和我們的生理時鐘大不相同，跟創造和永恆性的那種長遠、宏大而永恆的時間尺度，更有著天壤之別。

追求即時可能必須付出巨大的代價。即時創造了許多服務，讓線上生活與通訊變得更快、更沒阻力，例如一點滑鼠就能購物或以簡訊取代電郵。它打破生活，好讓生活更沒有縫隙。為了跟上金融、商務和通訊的速度，我們被迫專注當下及此時此刻，腐蝕了我們放慢和思考的能力。未來主義者安東尼．湯森表示：「心靈、組織、城市和社會整體都需要時間整合，消化新概念。一旦覺得必須隨時當下反應，休息、反省和深思熟慮，亦即思考自己在做什麼的能力，就會消失。」他認為，隨時無止境地暴露在即時環境中「會破壞我們決策和沉思的能力」。

因此，赫歇爾對安息日的看法非常有價值，對現代人尤其如此。他認為安息日是「進入時間聖殿」的入場券，讓我們得以用造物的尺度而非光速來體驗永恆與生命經驗。雖然赫歇爾不曾料想到，但他肯定會同意，目前的數位裝置與虛擬空間創造了一個隱密而可怕的「物的暴政」。我們老是「為了外物而勞動」，而且始終如此。但赫歇爾指出，「擁有成為我們壓迫的象徵、挫折的謳歌……當物被放大，就成了贗假的幸福，威脅到真正的生命。」我們下意識地將電腦視為人類，而行動裝置就像學走的嬰兒，超級會回應，既急於取悅我們又需求無度，永遠不停歇，非要我們注意它們不可。如今我們和許多裝置共存，藉由它們生活，但這些裝置壓制了我們的時間觀，用網路和市場的全天候即時時間，取代了日升日落及生理節奏。赫歇爾說：「空間事物有如科學怪人，對我們的侵擾遠勝於支持。」尤其現在這些科學怪人已經開始要求它們的創造者付出愛和關注，讓赫歇爾的警告聽來更是貼切。

《安息日對現代人的意義》建議我們可以給自己一天的時間，暫時跳開這一切。每星期有一天「收集而非消耗時間」，以「癒合我們支離破碎的生活」。這正是數位安息日實踐者的目標。他們直覺地明白「離線」其實是一個機會，有助於進行一件極為深刻的事，就是彌補人和時間的關係。安息日讓我們有機會學習收集而非消耗時間，邀我們體驗一種更宏大而神祕的時間觀，加強我們的注意力與臨在感，並有機會為生命帶來意義。

數位安息日帶來的啟發

有些人覺得數位安息日不切實際，跟急速減肥法一樣沒效。批評者指出，挨餓不會帶來比較健康的飲食習慣，關掉所有裝置幾天也不可能改變你的數位使用模式，就像禁食一天無法改變身體的代謝機制一樣。在這些批評者眼中，數位安息日跟奇蹟減肥法或減重大師的祕訣沒什麼兩樣，是數位版的浣腸療法。

如果你認為資訊就像食物，那這些對數位安息日的批評就很有道理。但這樣的類比是錯誤的。定期齋戒不是節食計畫。伊斯蘭的齋戒月、天主教的聖灰日和猶太教的贖罪日跟節食完全無關，禁食儀式是為了堅固信仰，讓人的心思遠離世俗事務，加強紀律和自我克制，潔淨身體與心靈，而非甩掉可惡的脂肪。

同樣地，執行數位安息日不單是為了減少你的虛擬體重指數。虛擬體重指數是谷歌資深行銷經理丹尼爾．席柏格（Daniel Sieberg）發明的單位，用來計算一個人所累積的數位裝置與線上身分的數量。數位安息日讓我們有機會用書本與景色帶來的感動取代網路的刺激與挑戰，用烹飪及工藝的樂趣取代有人按讚和跟隨的滿足，用關懷身邊的人的喜悅取代結交異國陌生人的樂趣。

受訪的數位安息日實踐者都說，離線不但改善了他們的日常生活，也讓他們的線上關係煥然一新。發現自己錯過的重要電郵其實那麼少，對他們不啻是一大啟發。電郵很會讓人感覺它很緊急，但只要跳脫開來，就會發現壓力完全出自人為。克莉絲汀．羅森說：「離線一天從來沒有讓我錯過任何東西。」謝伊．寇森沒想到蜜月旅行那個月收到的重要電郵那麼少。他回憶道：「只有幾封信值得一讀，電郵的信噪比簡直低得難以置信。」

安息日削減的是邊緣的連結。這些受訪者不會完全斷絕聯繫，不過許多人提到他們會做篩選。瑪莎．洛克說她開始數位安息日之後，她的對外連結「就立刻變得更私人」。她說：「起初大家都氣壞了。他們會說：**現在是怎樣**？**妳要改成用馬車嗎**？但真正重要的人一定知道如何找到你。」塔咪．史托伯發現減少看電郵的時間，讓她「會挑更有意義的東西寫」。電郵雖然很有用，但「每十五分鐘查一次信，被搞得急匆匆，又不停分心，就不是那麼有用了」。

安息日能加強我們冷靜面對複雜事務的能力，讓我們更能體驗和明瞭某些片刻的獨特性，並更專注於身邊的人。專心對關係非常重要。塔咪認為，「培養關係就是要處在當下，留意自己如何作為。」老想著收件匣裡可能有信，是不可能維持臨在感的。當你更有餘裕沉浸於喜愛的事情當中，沉浸於有趣和吸引人的活動，離線生活就會變成一種復癒，而非耗損。

減少垃圾郵件和邊緣連結，能帶來完整而不分心的時間。葛溫．貝爾說得好，我們大多數人已經習慣將時間「再切割成愈來愈小的單位」，而且還得撥空講電話和打電腦。我們以為這麼做會更有生產力，其實正好相反。長時間專注於一件事，凸顯了跳接式作業多沒效率。謝伊．寇森說：「只要不以三十秒為單位，就會發現時間原來這麼多。一天很長，可以做的事情很多。我們都知道，卻很容易忘記這一點，尤其當網路上的東西讓你分心時更是如此。」

強制區隔上網和離線時間讓我們更容易完成任務，也更能清楚區分工作與日常生活。由於安息日設下了更明確的界線，塔咪．史托伯說：「我覺得自己變得更自由了。」她不再上網到睡覺之前，而是「關機讓自己專心讀書或和老公聊天」。克莉絲汀．羅森發現，在數位安息日時，「我會更注意時間的流逝，對自己在做的事也更有覺知。這不是犧牲，而是一週忙碌前的休息。」

主動的休息即是復癒

亞伯拉罕．赫歇爾認為安息日能平衡現代「科技文明，讓人既和空間中的事物共處，又能鍾愛永恆」。根據赫歇爾對創世記的詮釋，神在第七天創造了快樂與平靜，完整了宇宙萬物。這天不是造物的尾聲，而是最高峰。赫歇爾認為，我們應該重新創造那份快樂與平靜。他警告我們：「缺乏靈性的休息只會引來墮落。」

安息日不是讓人漫不經心地休閒或娛樂。對赫歇爾而言，安息日不是**被動的**休息，而是**主動的**。在《安息日對現代人的意義》一書中，令人印象深刻的一點，就是完全沒提安息日應該和不應該從事哪些活動。你一定不曉得，其他拉比為了郊區猶太人能不能開車上會堂、按電梯鈕算不算工作，以及電是不是火、所以不該點燃而爭執不休。對赫歇爾而言，避開工作不代表無作為，而是遠離為了經濟與「生產力」而占據人們六天生活的忙碌，以便創造出一個空間，讓我們能做其他更重要的事，並且把它們做好。「勞動是技藝，」他說：「但完美的休息是藝術。想在藝術上成功，就得接受它的規範，因此人必須呼求懶散。」換句話說，赫歇爾並非提倡被動的**休息**，而是主張**復癒**。

從數位安息日中收穫最豐的，是那些用它來重建自己、重新和朋友深交、重新學習和練習某些珍貴的前數位能力，並且和現實世界重新連結的人。切斷上百萬個只會帶來分心與疲憊的小需求和小互動是好事，但光靠「拔線」就想回復心靈，就像用拋棄房子來修理它一樣。數位安息日不僅在於關掉或不理睬哪些裝置，更在於你用這些空檔做什麼。拔線只是手段，重新發現時間的人性面和重建性靈才是目的。

8

沉思式計算八步

Eight Steps to Contemplative Computing

沉思式計算有八大法則。當你學習觀察自己的呼吸和情緒如何受數位裝置和媒體影響，當你用真正的多工作業取代跳接式作業，採納某些工具和方法保護自己的專注力，當你清明地使用推特，建構復癒空間和數位安息日來為心靈充電，你就是在執行這些原則。禪軟體、覺察、自我實驗和復癒，能幫助你和資訊科技建立良善的關係，提升你的延伸心靈。當你具備這些要件，就表示你以正確的方式運用科技，有助於提升心靈，找回焦點及專注力。當你不具備這些要件，就表示你現在和科技的互動方式不適合你。

第一步：維持人性

第一法則是**維持人性**。在現今的高科技世界裡，這代表兩件事。

首先是瞭解交纏是我們每個人的構成要素。人很能使用工具，到最後甚至感覺不到工具存在。我們會將工具納入身體意象，用工具來延伸自己的心靈和身體能力。人類鍛鍊這項能力已經超過一百萬年。手掌演化、發明工具、駕馭火、馴養植物和動物作為糧食與衣物、發明語言和文字——這些都讓我們更像人，和科技交纏更深。我們不應該抗拒和資訊科技交纏，而是應該瞭解其重要性，要求良性交纏的機會，並堅持使用為我們服務、值得我們使用的裝置——假如有人想寫賽博格權利宣言，這應該是修正案第一條。

其次，我們要瞭解電腦如何影響我們的自我認知。資訊科技不斷演化，功能和複雜度大幅提升，侵入了我們生活的各個角落，似乎就快要追上人類的智能，甚至一舉超越。我們的洞穴人腦袋似乎愈來愈不適合高科技世界。就算和電腦進行簡單的互動也讓我們自慚形穢，因此我們往往認為自己的大腦很拙，運作遲緩，面對電腦有如新的王者超越了人的智慧與記憶力，我們對於自己的認知萎縮只能默默接受。然而，請記得人類的智慧與記憶力和數位裝置不同，使用相同的名稱只會抹除兩者間的巨大差異。記得「即時」不是人類的時間尺度，而只是一種信念，相信商業和金融交易速度可以愈來愈快，事件和事件的報導可以做到零時差，人在生活中和職場上都必須減少閱讀、做決策和因應變化的時間。然而，這些信念都不必然為真。

第二步：靜心

第二法則是**靜心**。靜心科技實驗室努力研發促進「沉著警醒」的工具，和古代認為靜心是沉思的基礎的想法不謀而合。

我們經常認為靜心是一種生理狀態，是心靈或周遭沒有煩擾。躺在海灘上悠閒度假，遠離辦公室和日常瑣事，人的心就會平靜。然而，沉思追求的是另一種靜心。是主動而非被動，是有紀律和自我醒覺的靜心，是日本武士那種致命的靜定、資深機長面對壓力時的沉著，是徹底專注毫無分心的熟練投入所產生的結果。

這種靜心需要訓練與紀律，以及對裝置和自己的深刻瞭解。但它不需要你遠離世界，而是允許你在其中迅速而流暢地行動。它的目標不是逃離，而是參與和涉入，也就是立下基礎讓你掌控自己跟裝置與媒體的交纏，以便更有效地投入世界，延伸自己。

第三步：覺察

第三法則是**覺察**。體會覺察的感覺，學習在上網和使用數位裝置時看見覺察的機會。冥想對沉思式計算很有幫助，因為它提供了一個簡單素樸的覺察經驗。從射箭到修理機車，任何事情都能練習覺察，但由於這些活動提供了許多挑戰與滿足，因此很難辨別是哪些部分使你專心，讓你充分發揮機能，不受阻礙地進行自我觀察。冥想將經驗剝除到最單純的狀態，讓心靈只專注於自身，進而提高人在忙亂中認出覺察的能力。

佛教僧侶和尼師認為上網可以練習覺察。我無法想像有比網路更讓人難以靜心的地方了，但葛里芬解釋得很好。出家為尼多年的她說自己有時還是會分心，「前一秒還在看丘揚創巴仁波切開示，下一秒已經在看貓咪學狗叫的影片了。」她笑著說：「但這樣很糟嗎？

我們不過是活生生、好奇心重的渺小存在罷了。」她的禪師鼓勵她不要因為冥想會分心而喪氣。他們常說冥想就像舉啞鈴，只要心靈恢復專注，你的冥想功力就更深一層。和其他比丘尼一樣，葛里芬認為網路是專心的試煉場，每天都要面對分心的挑戰，學習保持覺察，以慈悲心說話和行事。

佛教僧侶和尼師將網路視為考驗覺察、慈悲心和正行的地方。數位世界常使人分心又不具人格，很容易讓人忘了和我們互動的是有血有肉的人，而非網頁。丹曲旺姆建議我們「上網做任何事之前，別忘了想想自己的動機，觀察自己心裡的狀況」。只要動機來自「受苦的情緒」，如嫉妒、憤怒、仇恨或恐懼，就立刻停止不做。比丘尼雀吉・利比會觀察自己上網的表現，以「確定我做這些事是出於善念」。瑪格莉特・蒙托勞和伊莉莎白・德瑞許說得好，沉思式計算不是用科技來提升你的同理心（再好的設計都無法消除壞行為），而是將同理心引入科技，讓自己和科技的互動加入你的是非原則和道德感。能在網路上保持正向的人，在現實生活中會更出色。

將你和資訊科技的互動視為加強覺察的機會，如果無法專心也視為正常，就當成必然發生、但可以從中學習的經驗。留意什麼讓你上網時更清明、什麼不能——也就是進行自我觀察和自我實驗——這麼做可以改善你和科技的互動，並建構延伸心靈。

第四步：更清楚自己擁有選擇

提高覺察可以讓你**更清楚自己擁有選擇**如何使用科技的自由。相較於古往今來的各種科技發明，電腦或許最有本事讓自己看起來無可抵擋、無堅不摧。電腦太強大、太無孔不入、太有趣也太有用了，不可能迴避它，但這不表示你必須屈服。你可以和資訊科技共存，又能適當留意自己的專注力與自由，盡量保有它們，唯有當更有價值的東西出現時，才用它們交換。

當你清楚自己的心靈、目標和工具，面對該使用哪些科技及如何使用時，就能做出更深思熟慮的選擇。自我觀察能幫助讀者選擇該用紙本書或電子書來達成目標，並瞭解媒介的能供性如何支援他們所需的閱讀方式。

清明的選擇有時需要用舊有的技能來取代新的。以建築為例，電腦輔助設計賦予設計師全新的能力，包括模擬能源使用和通風，更有效地跟工程師和工頭合作，實驗新的建築風格，卻也讓設計師拋棄了繪圖的傳統，連帶拋棄了繪圖的限制所帶來的嚴謹與深思，以及長期繪圖所培養的具體視覺空間感。

有助於覺察的科技不會誤導你，讓你以為裝置限制了你的選擇，或者你不必為自己的決定負責。有助於覺察的科技會提醒你擁有自由意志。禪軟體能幫你專心，提醒你有能力決定該將注意力導向何處。如同佛瑞德．史圖茲曼所觀察到的，必須重新開機才能關閉Freedom所帶來的不方便，會讓你「反省……自己為什麼失敗了」。

第五步：延伸心靈

沉思式計算的第五法則是用能夠**延伸心靈**的方式使用裝置。科技可以強化你的身體機能與感官，賦予你新的機能和感官，拓展你的延伸心靈。但它們也可能成為拐杖，侵蝕你的認知能力，削弱你的心靈。

用能夠延伸心靈的方式使用裝置，就是以這些裝置為工具，用它們來訓練和豐富我們的心靈。用相機鏡頭看世界，提升了我的視覺注意力。我看到了堅硬單調的物體上的顏色、質感與光影，也看到了木屑和浪花的三維向度。數位相片定位豐富了我對一個新地方的感受，這是使用GPS導航系統做不到的，而且我可能會被導航系統誤導。許多使用者發現Freedom限制網路使用，不僅對他們有益，還讓他們明白自我分心是可以克服的。禪軟體阻斷分心事物，具體展現了我們想更專注、更有創意的決心。它無法取代自律，卻有助於自律。

修士和僧侶都說我們需要將科技視為解決問題的工具，而非解答。葛里芬提醒我們，禪軟體雖然有用，但「我們最終必須強化自己的意志力，因為只有我們能為自己和自己的行為負責」。YouTube不會因你離線而消失，只要上網它就在。克制分心的衝動只會讓你更分心。數位分心的「真解答」在於「徹底看清和瞭解自己及現實，看清了，衝突就會消失，而我們要的東西、希望的生活和目前的生活方式也會合而為一」。

這些例子還凸顯了一點，人的選擇，並非只在更聰明的工具**或**更聰明的自己、更豐富的交換式記憶**或**更深刻可靠的回憶、相片式紀錄**或是**相片式記憶之間。沉思式計算常常能讓你魚與熊掌兼得。

第六步：尋求心流

沉思式計算的第六個法則是**尋求心流**。你應該還記得，心流是人完全沉浸於某個活動時的狀態。你的能力和挑戰達到完美的平衡。任務有一定的難度，很容易讓人沉浸其中，卻又不會難得令人喪氣。世界變小了，你的專注力將一切排除在外，只剩謎團裡的線索、路上的轉折、遊戲板、音符、岩石露頭、程式碼和數據中的模式。時間似乎扭曲了，當你一抬頭才赫然發現，不知不覺中過了好幾小時。

心流是無比滿足的體驗，也是心靈力量與心理韌性的巨大來源。然而這些好處不是必然的。電玩和瀏覽網路會帶來心流，但你在網路上所做的事往往對現實沒有幫助。遊戲開發商和網路設計師都曾熱切研讀齊克森米哈伊的《心流》（編按：中文版譯作《快樂：從心開始》），卻只著重其中的技術面（如心流的細節或如何激發使用者進入心流），對心流更大的用處不感興趣。

只要對心流的好處保持警醒，明白所有線上和真實經驗都可能變成心流，你就能跳脫侷限的觀點，用更寬廣的角度看待遊戲和網路設計師。佛僧認為網路是對覺察的考驗，將上網當成簡單的心流遊戲。就像齊克森米哈伊提到的切鮭魚工人會挑戰自己切出最多、最薄的魚片，將工作當成遊戲，僧侶也希望上網而不分心。這兩件事聽起來都很簡單，事實也是，但它們感覺更像圍棋，而不是圈叉棋，因為它們的簡單會帶來結局開放的挑戰，而非無趣。

我問齊克森米哈伊會不會很意外，心流竟然能提升心理韌性，而且是美好生活的關鍵？原本想做科學研究，結果卻成了道德哲學，這樣會不會很怪？他答說不會。對他來說，心流研究從來不只是「諮商的附屬品或研究老鼠走迷宮」，他對心理學的興趣從小便萌芽了。青少年時期，他在瑞士聽了榮格講課，初次接觸到科學（他原本是去度假，但山上降雪太少無法滑雪，所以才去聽課）。不過，他在此之前就已經開始思考什麼是幸福生活了。一九三四年他在義大利菲烏美（Fiume）出生，他父親艾伯特（Albert）是匈牙利外交官，在當地領事館工作，後來被派到羅馬擔任大使，齊克森米哈伊也一同前往。他回憶二次大戰期間，他們前半段過得還算舒適，但隨著戰爭接近尾聲，局勢動盪不安，「平靜的生活也在一九四四年秋天開始瓦解。」他一個哥哥被殺，另一個哥哥被抓到蘇維埃的古拉格集中營關了六年，而齊克森米哈伊自己也被關進義大利的戰俘集中營。他事後回憶道：「我那時才赫然發現自己所仰望的這些大人，我以為他們懂得生活，其實他們一點概念也沒有。戰爭結束前的那幾個月，一切都出了差錯，讓我發現，必須找到更好的生活方式。」

戰後情況更加惡化。共產黨在匈牙利掌權之後大力掃蕩上層階級，沒收他們的財產，不讓他們接受高等教育，迫使他們大批流亡海外。許多高級知識分子、公務員和他的家族朋友都失去了一切，成為「行屍走肉」，難以適應。齊克森米哈伊的家人也好不到哪裡。他父親憎惡共產黨，選擇辭去大使，拒絕合作。他們一夜之間從羅馬外交圈的菁英分子變成了難民。

但他父親沒有放棄，反而「賣掉部分繪畫收藏，改做他一直想做的事，也就是開餐廳……大多數人都沒有他的韌性」，齊克森米哈伊苦笑著說。艾伯特很快發現，自己竟然「喜歡上菜更勝於擔任大使」。這家餐廳成為「全羅馬最時髦的餐廳，離特萊維（Trevi）噴泉走路只要兩分鐘」，聲勢多年不墜。影星亨佛萊・鮑嘉（Humphrey Bogart）和洛琳・白考兒（Lauren Bacall）到羅馬一定會到這裡用餐。齊克森米哈伊則是服務生。

大部分的卸任大使都會覺得開餐廳是一種羞辱，但齊克森米哈伊透露了他父親為什麼覺得很有成就感。二次大戰期間，年輕的齊克森米哈伊發現自己有一種能力，可以好幾小時沉浸在下棋或繪畫中。他哥哥是地質學專家，可以一整天對著一個岩石樣本重建它的歷史。他們都有一種全神貫注的本領，得以在當下獲得樂趣，使得他們面對苦難時具有韌性和適應力。他們的父親或許覺得經營餐廳讓他沉浸其中。對於擁有這種心理能力的人來說，籌措資金、對付義大利官僚和找尋地點之類的千百樣瑣事，還有每天設計菜單、招呼顧客、讓每份餐點盡善盡美的日常雜務，不是麻煩，而是美好生活的真諦。

換句話說，無論戰時或戰後，自己和家人的經驗，齊克森米哈伊都找到了更好的生活方式，即使在苦難時刻也能為生命帶來意義。那就是心流。

因此，《心流》會談到幸福、韌性和美好生活的基礎一點也不奇怪。這些對於心流都不是偶然。瞭解心流向來只是手段，不是目的。對齊克森米哈伊來說，心流探討的就是如何追求幸福，如何在面臨變故時維持生命完整，在舊的生活無以為繼時，應用資源和韌性重整自我。

第七步：更投入世界

沉思式計算的第七個法則是以能讓你**更投入世界**的方式使用科技。

當你使用資訊科技到了流暢自如的境界，不再感覺到科技的存在，讓科技幾乎隱形的時候，就自然進入這樣的狀態。當科技不再需要你的知覺關注，變成你延伸自我的一部分，它就能讓你更覺察世界——物理的世界、別人的世界和概念的世界。

當你遠離分割注意力的事物時，就更能投入這世界。當即時推特將你的注意力從有趣的事上轉移到不斷更新，當拍照或錄影讓你花更多時間把弄器材，而非專注於當下時，你就應該避開這些活動。但如果你用這些東西能讓你更沉浸於當下、看得更清楚或聽得更仔細，那就儘管去做。湯馬斯·梅頓藉由沉思式攝影讓相機成為磨利目光的工具，拓展他觀察世界的能力。有些人表示即時推特讓他們聽講和開會時更專心，不過我個人比較喜歡先做筆記——我同事用推特維持注意力，我則是用寫字——之後思考一番再發表我的看法。你必須實驗，找出什麼方式最適合你。

投入社交世界追求的不只是互動，而是有益的、道德的互動，是將人當成互動的焦點，而非科技。對某些人來說，這代表我們應該依循基督教或佛教的戒律進行虛擬互動，讓媒體成為靈性的場域，而不只是社交的場所，並且在每個人身上見到神性或佛性。

沉浸於概念常常會帶來隱形的效果，而禪軟體的目的便在於此。就算設計高手再欣賞傑西．葛洛斯強所採用的拉姆斯極簡主義風格，WriteRoom 也應該能讓他們忘掉這個特色，專注在文字和概念上。印刷師傅一直強調偉大的鉛字就像酒杯，你可以欣賞它的線條細緻和晶瑩剔透，但不應該嘗它。能讓你忘了它的存在、成為延伸心靈和深層身體意象一部分的工具，才是最好的工具。

第八步：復癒

沉思式計算的第八法則是以有助於**復癒**、更新自己專注力的方式使用（或拒用）科技。專心與注意力有時並不聽話，往往得使勁才能讓注意力不偏離工作、螢幕或案子。沒有分心不代表就能專注，靜止的心很容易飄移遊蕩。人能全神貫注於某件事（如果是冥想，就是專注於空無）的時間有限。專注就像體力，可以靠鍛鍊來加強，但過度使用會耗損，需要休養生息。

因此，人必須懂得回復心靈專注力的方法。你可以安排環境，從螢幕上的空間到生活周遭，讓你更長時間地專注。人必須找到舒緩心靈又不會完全跳離持續專注的活動。能夠帶來心蕩神馳、遠離、超越和相容性的事物，最有可能幫心靈充電。

當你遇到需要幾週或幾個月大量動腦才能解決的複雜問題時，復癒活動就變得格外重要。讓心靈適度轉移、意識適度放鬆，以便休養生息，同時讓潛意識繼續工作，是成功解決問題的關鍵。

連結無可避免，分心可以選擇

最後，讓我們回到本書的起點，日本古城京都西郊的嵐山山腰。

岩田山公園不是當地唯一的景點。嵐山山腳下、岩田山公園正下方有一座禪宗寺廟，名叫天龍寺。雖然京都處處古蹟，天龍寺卻尤其受人崇敬。一三三九年奠基於另一座更古老的寺廟之上，天龍寺曾經擁有法堂、禪堂、住持房、僧侶房、伙房和數座小廟，共一百五十棟大小建築。這裡的禪修以嚴格和清苦聞名，早年更對武士道精神造成深遠的影響。

如今禪寺只剩幾棟建築，但景致依然可觀。這要歸功於鼎鼎有名的首任住持夢窗疏石所設計的庭園。從正廳走廊往外看，池塘過去是一座假山，一條寬闊的步道繞過池塘、穿越庭園、在綠竹林裡穿梭蜿蜒，最後通往一座枯山水——達爾文一定會愛上這裡。

夢窗疏石不僅是天龍寺的開山住持，還是早期禪宗的賈伯斯，深具設計概念的連續創業家。天龍寺是他建立的第六座寺廟，也是最宏偉的一座，寺裡的庭園更是他最有名的作品之一。他率先採用枯山水，創造出極簡樸的小天地。他將步道納入庭園，讓庭園從遠觀的景致轉化為可以親身遊歷的場所。但更重要的是他將庭園納入禪學和禪修裡。「區分庭園和禪修者，」夢窗疏石說：「不足以自稱已得正道。」直至今日，天龍寺的僧侶依然奉這座庭園為師。

禪宗認為解析經文不會讓人開悟，而是要靠禪修、靜定身體與剖析心靈。庭園不是修行累了休息的地方，而是激發及導引禪修的所在，同時提醒我們身體和心靈不是截然二分的實體，只要身心分離就沒有開悟的一天。夢窗疏石的庭園建基於「身心密不可分」的概念之上。開悟是一種活躍的狀態，而設計良好的庭園可以協助沉思，讓人發揮天生的潛能和空間、工具交纏。就算帶著猴子的遺緒，沉思依然可能。

痛苦無可避免，煎熬可以選擇（編按：一譯為「身苦心不苦」）。這是佛教最有大智慧的箴言之一。失去和死亡無可避免，朋友來來去去，親人生離死別，災難不時來襲，我們最終都得面對自己的殞命。我們無法逃離這些磨難，卻可以培養優雅面對的能力。我們可以從痛苦的經驗中學習，讓自己變得更好、更睿智、更有準備，以便迎接下一次挫敗。

在這個高科技的超連結社會，我們面臨著類似的處境。資訊科技無可避免，是現代人工作、思考、記憶和維繫關係的一部分，也是小孩玩樂的一部分，不斷嚷嚷要求著我們的時間與注意力。資訊科技有恃無恐，因為它知道我們和它的關係深入而深刻，反映著人和工具的交纏，是人之所以為人的根基。資訊科技承諾幫助我們、支持我們，讓我們更聰明、更有效率，卻往往讓我們感覺更加忙碌、分心和無聊，注意力永遠支離破碎，心靈不斷承受無止境的要求、吸引與誘惑。有人說這是不可避免的，是隨時開機、隨時連結的代價。其實不然。我們每個人都承繼了祖先留下來的沉思式遺產，可以用來掌控科技，馴服猿心，重新設計自己的延伸心靈。連結無可避免，分心可以選擇。

達爾文的沙徑近照。（© English Heritage）

附錄一　撰寫科技日記

底下是俄亥俄州立大學教授潔西・福克斯要學生做的科技日記，目的在讓學生更有概念，知道自我實驗應該記錄哪些事情。潔西大方分享她的發明，並允許我寫在書裡，充分展現了學者風範，證明社會學家可以（也應該）將觀察所得分享給大眾。

一、在平常週間或週末挑一天，用一本手冊（或是你數位裝置的筆記軟體）記下你那一天所有的媒體和科技互動、為何使用那些科技，以及各用了多少時間。寫下開始和停止互動的時刻。上臉書？記下來。收發簡訊？記下來。拿起手機拍照？記下來。檢查電郵？記下來。下載並閱讀上課用的文件檔？記下來。使用GPS？記下來。用 iPod 聽音樂？記下來。用 Netflix 看節目？記下來。打電玩或手機遊戲？記下來。別忘了你同時使用數種科技的時間！

如果能順便記錄你做其他事情的時間，例如睡覺、和朋友見面聊天、不用數位裝置專心讀書和閱讀傳統媒體（如雜誌、書本和報紙），然後比較你一天使用和沒使用數位裝置的時間長短，瞭解你的日常社交活動有多少比例是透過科技進行的，結果應該也很有趣。

二、計算時間。記錄你使用各項科技的總時間或總次數。你的時間都用到哪裡去了？每天從早到晚有多少時間與科技為伍？

三、評估和衡量你用媒體所完成的工作。針對各項工作，比較你所花費的時間和以下項目：

(A)你覺得這項工作確實需要使用科技？因為用了科技而更有效率？還是因為用了科技而少了什麼？

(B)使用科技會讓你產生情緒（例如喜悅、挫折或如釋重負）嗎？你必須釐清情緒來自內容（朋友傳來的惡意簡訊）、科技本身（簡訊打斷你的談話，讓你很不高興）或兩者都有。

(C)你有多工作業嗎？你覺得多工作業有效率嗎？

(D)你的經驗是正面或負面的？你認為這麼做充分應用了時間和科技，還是你有更好的選擇或更有效的作法？

四、反思。回想你目前使用科技的方式，是不是有哪些地方可以調整，以改善你的日常生活（如工作效率、情緒、讀書習慣、睡眠、社交往來和健康）呢？這些目標可以相容嗎？阻礙你改變的因素有哪些？

潔西說得好：「我讓學生自己去定義**科技**。雖然我會舉例，大部分是提醒他們有許多小舉動其實都和科技有關，但我一直很好奇他們當中有多少人，會將鬧鐘和電腦化的販賣機納入其中。這一點在課堂上通常會引起熱烈討論，關於科技如何讓我們覺得習以為常，還有當現代科技變得像微波爐一樣普及、像隨身聽一樣時髦時，我們的生活又會是什麼模樣。」

附錄二　社群媒體善用法則

有時，網路似乎是用來誘發壞行為的。留言板和評論系統的匿名性鼓勵使用者大放厥詞，而簡訊勢必導致用戶過度分享無關或難堪的事情。然而，設計不當不必然會造成行為不當。只要保持覺察，就算使用臉書和推特也可以實踐沉思式計算。底下是社群媒體善用者遵循的一些法則：

謹慎投入：試著仿效佛教徒，將社群媒體視為實踐正言的機會，而非不負責任大放厥詞的場合。

覺察自己的意圖：問自己為什麼要上臉書或 Pinterest。純粹無聊嗎？這是你想和別人分享的心情嗎？

記得螢幕的另一頭是人：我們很容易將注意力擺在點閱率和評論上，但別忘了我們最終面對的是人，而非媒體。

重質不重量：你想說的東西真的值得分享、值得別人注意嗎？是的話就說吧。但請記得蘇格蘭議會大廳側面鐫刻的銘言：**言不必多，但求字字珠璣**。

先生活，再推文：要自己許下承諾：本人某某再也不會寫出「天哪，我一邊做某某事，一邊玩推特！LOL」之類的話。

深思熟慮：金融記者兼部落客菲利斯．賽蒙曾經感嘆，大多數人以為網路上的東西不是用來**讀**，而是用來**表態**的。就像我們不能讓機器引導我們的注意力，我們在公開場域發言也不應該被別人的話語牽著走。深思熟慮意味著我們不會胡扯瞎聊或恣意謾罵，好當小白。我們言不必多，但求字字珠璣。

附錄三　數位安息日自助手冊

在訪問數位安息日實踐者的過程中，我發現他們的作法雖然各有不同，最初開始的過程卻大同小異。和其他沉思式計算一樣，這些人觀察自己和科技的交纏方式，思考如何改善，然後找出適合他們的生活方式的作法，開始延伸和復癒自己的心靈。依循以下指南，可以幫助你找到最適合自己的數位安息日作法。

設下固定的時間：安息日應該選擇一個固定的時間，而且必須是可行的。週末通常最合適。除非你是農夫或建築工人，否則週間很難離線。長度可以是十二小時（從早上醒來到晚上就寢）或二十四小時。

選擇該關閉哪些裝置：請提前做這件事。以規格為標準（例如有螢幕或有鍵盤的東西）最容易設定和執行，但是千萬別過頭——咖啡機的顯示幕不算螢幕。認真的數位安息日實踐者還會以行為區分，遠離某些裝置，但覺得另一些裝置可以接受，例如單人電玩不可以，多人電玩沒關係；電郵和社群軟體不准碰，但線上電影可以看；辦公用的 iPad 必須收在抽屜裡，但 Kindle 可以出來透氣。

不要談論數位安息日：不必像《鬥陣俱樂部》（*Fight Club*）那麼嚴苛（鬥陣俱樂部第一守則就是不准談論鬥陣俱樂部），但在你自己養成習慣之前，千萬不要四處宣傳。和朋友或家人一起執行或許很有幫助（小孩會覺得一起抱怨更好玩），但除非你有耐心向對方解釋自己無意成為反社會的反科技分子，否則你最好還是先別四處宣揚，免得壞了安息日的平靜。

用讓人投入的活動排滿這一天：數位安息日應該是積極的，而不是趁這個空檔洗衣服或繳帳單。做一些你平常不會做的事，有挑戰性、讓人投入、非常類比的事。出去看看世界（至於要不要用 GPS，就由你決定了），煮一道精緻複雜的餐點，教小孩假蠅釣魚，挖出你上個月開始看的那本八百頁新潮小說來啃。當然，如果你覺得洗衣服和繳帳單很有成就感，那就請便，我樂觀其成。

要有耐心：和其他沉思式練習一樣，數位安息日也需要鍛鍊。你必須花時間進入狀況，放下檢查黑莓機的擾人習慣。大幅轉變不會一夜之間出現，可能一個月都看不到。給自己至少十二週。你不妨這麼想：你一年可能會看一萬兩千三百七十六次手機，現在是希望你今年只檢查一萬一千九百六十八次，然後再看怎麼做。試著讓自己今年上網六百九十六小時，而不是七百二十小時。你每年都花十一天等待電腦執行各種程式，或許讓它等你十二天會讓你好過一點。

坦然看待安息日的靈性面：對我們許多人來說，這部分有點難。但遠離日常工作和網路的狂亂擾攘，讓我們真正有機會反省生活應該怎麼過，至少讓我們更專注於生活中的光明面。做吧。別擔心你會發現自己真的想拋下一切，切斷聯繫，到荒野牧羊。這不會發生的。

享受逃離「即時」的感覺：亞伯拉罕．赫歇爾認為，安息日是為了讓人離開原有的時空架構，這個看法沒有比現在更貼切、更受人歡迎了。數位安息日讓我們有機會脫離「物的暴政」，尤其是那些會發聲、振動、推文、爭取你的注意力並保證絕對值得的東西。數位安息日是我們逃離「即時」的虛妄性、重新發現如何照自己的速度來過活的機會。相信我，這麼做絕對值得。

謝詞

這本書起自我在輪休期間於英國劍橋微軟研究院所做的研究計畫。沒有研究院社群數位系統小組負責人理查・哈波（Richard Harper）無比的慷慨大度，這個計畫就不可能實現。在研究院交誼廳喝咖啡討論研究策略，在葛蘭切斯特草原往果園茶坊的小徑上斟酌概念，在老鷹酒館和梭魚酒吧喝酒暢談研究，這些經歷都在我的研究裡留下了不可磨滅的印記。研究進行初期，西瑞汀大學（University of West Reading）的山姆・金斯利（Sam Kinsley）和他的研究團隊，以及開放大學的怡芳・理查茲（Yvonne Richards）和她的實驗室成員，都展現了高度興趣。還有一件事也很幸運，就是和我同時到劍橋微軟研究院的客座研究員安妮・根特斯（Annie Gentes）隔年到史丹佛大學進行一項研究，其中不少地方和我的研究有著很有意思的重疊。

停留劍橋微軟研究院期間，我開始在自己的部落格（www.contemplativecomputing.org）發表沉思式計算的文章。對我來說，部落格就好像摘錄簿、共鳴板和廣告，讓我有機會摘錄有趣的文章，以筆代腦思考之後可能會深入研究的主題，預告即將發表的演講。部落格裡的一些文章成了本書各章節的骨幹，但在編輯和修改的過程中，還是做了大幅改動（希望有比較好）。

許多人用大量時間回答我的問題、接受我的訪問、視訊對談或回覆我的電郵，讓我銘感五內。他們的慷慨令我慚愧、感謝。我要在此感謝 Sun Joo (Grace) Ahn, Pia Aitken, James Anderson, John Bartol, Gwen Bell, Jan Bilik, Jeff Brosco, David Brownlee, Michael Chorost, Shay Colson, Marzban Cooper, Ruth Schwartz Cowan, Mihaly Csikszentmihalyi, Susana Darwin, André Delbecq, Anna Digabriele, Anne Dilenschneider, Jill Davis Doughtie, Elizabeth Drescher, Elizabeth Dunn, Nancy Etchemendy, Morley Feinstein, Jesse Fox, Jesse Grosjean, Michael Grothaus, Steve Herrod, Hal Hershfield, William Huchting, Cody Karutz, Mike Kuniavsky, Donald Latumahina, Ho John Lee, Chris Luebkeman, Lambros Malafouris, Marguerite Manteau-Rao, Neema Moraveji, Ramez Naam, Daniel Nevins, Colin Renfrew, Martha Rock, Christine Rosen, Prime Sarmiento, Sharon Sarmiento, Lauren Silver, Monica Smith, Linda Stone, Tammy Strobel, Fred Stutzman, Phil Tang, Edward Tenner, Mads Thimmer, Anthony Townsend, Lyn Wadley, Carolyn Wilson, David Wuertele, James Yu 和化名 Megan Jones 的受訪者。另外，我要特別感謝慷慨並深入回答我問題的僧侶，尼師和在家人：Jonathan Coppola, Caine Das, Sister Gryphon, Choekyi Libby,

Bhikkhu Samahita, Damchoe Wangmo 和 Noah Yuttadhammo。

我的經紀人若伊・帕格納蒙塔（Zoë Pagnamenta）和編輯約翰・帕斯利（John Parsley）的貢獻不下於合著這本書。帕格納蒙塔經紀公司的其他職員（尤其是超級有耐心的 Sarah Levitt）和利特爾&布朗出版社的所有人都棒極了。沒寫過書的讀者或許以為所有細節都在作者腦中成形之後，才化成白紙黑字，其實不然。雖然每個字都出自我手，但這本書其實是眾人合作的產物。

這本書在劍橋完成，但其中的概念卻來自不同時期。一九八〇年代，我在賓州大學的科學史及科學社會學系師承羅伯・寇勒（Robert Kohler）、里奇・庫克里克（Riki Kuklick）和湯姆・休斯（Tom Hughes）門下，我想我對科技的見解永遠都受他們影響。湯姆・休斯在我大學第一堂課提出的關於創造力和科技的問題，我到現在依然在尋找答案。多年後，鮑伯・麥克亨利（Bob McHenry）於一九九〇年代僱用我參與《大英百科全書》的編輯工作，讓我開始思考新興媒體對於文化和人類認知的衝擊。最後，我在二〇〇〇年代擔任未來研究中心（Institute for the Future）主任，那段日子讓我發現了將抽象的學術概念應用到具體現實問題之上的樂趣。

在我避居車庫寫書的那幾個月，我的孩子對我展現了莫大的耐心。在我和妻子離開加州前往劍橋輪休期間，他們更是展現了無比的堅強。孩子們，你們真的很棒，謝謝！

最後，我要向我的妻子希瑟致上最深的感謝。感謝她以理解的心、優雅的態度承受身為作家妻子的一切。沒有妳，我不可能完成這本書。

註釋

從前，書末註釋很像引文築成的碉堡、充滿隱晦參考資料的樂高城堡，用難以觸及的資料來保護作者免受批評。例如：「既然你**找不到**一九五七年版的克羅埃西亞文《紀念文集》（*Festschrift*），當然無法證明我的論點是錯誤的。」書末註釋還有一個功能，就是讓學者在其中尋找戰友、攻擊對手、爭個高下並看起來博學多聞。例如：「請見史密斯教授對瓊斯教授那篇誤人論文的精彩抨擊，收錄於第四版的《紀念文集》〔Zagreb, 1957〕，可惜史密斯教授的批評不受重視，實不公允。」本書的註釋裡，我會補充正文中一些有趣、但屬於枝節的論點，並概略提供撰寫本書的參考文獻。

感謝谷歌圖書和許多習慣刊載論文原稿或再版的科學家。本書提到的學術著作和書籍，其中有不少，一般讀者只要上網就能讀到。如果你找不到某本書，註釋裡還有許多人都出版過相關著作，有些應該比較容易找到。

開始吧。

引言　兩隻猴子

猿心的概念在佛教相當有名，但起源並不明朗。佛教某些概念要追溯其源頭非常困難，可能口耳相傳數代才被人寫下，學者必須在印度文、中文、韓文和日文典籍爬梳才能掌握。

關於日本獼猴的描述，請見Naofumi Nakagawa, Masayuki Nakamichi, and Hideki Sugiura, eds.,

The Japanese Macaques（New York: Springer, 2010）, and Jean-Baptiste Leca et al, eds., *The Monkeys of Stormy Mountain: 60 Years of Primatological Research on the Japanese Macaques of Arashiyama*（Cambridge University Press, 2011）。用猴子來反映人的愚昧，這樣的譬喻由來已久。日本思想家以獼猴為思考對象已經有數百年的歷史。人類學家大貫惠美子說，日本人在思考人之所以為人的特質時，「就數獼猴最常被人拿來仔細檢視。」關於猴子在日本文化中的角色，請見Emiko Ohnuki-Tierney, *The Monkey As Mirror: Symbolic Transformations in Japanese History and Ritual*（Princeton University Press, 1987）；引言取自"The Monkey as Self in Japanese Culture," in Ohnuki-Tierney, ed., *Culture Through Time*（Stanford Univ. Press, 1990）, 128-153, on 129-130。

關於米格爾．尼科萊利斯的著作，請見Nicolelis, *Beyond Boundaries: The New Neuroscience of Connecting Brains with Machines–and How It Will Change Our Lives*（St. Martin's Press, 2012）。米格爾．尼科萊利斯的首項大發現出現在二〇〇一年。他在猴子腦中植入一組電極，另一端接到機器人手臂上，這樣猴子理論上就能用大腦控制那隻手臂，只要牠學會如何操縱即可。尼科萊利斯想要瞭解大腦如何學會新的技能。需要很多時間嗎？最後一定學得會嗎？猴子永遠得用意識操縱手臂，還是最後可以控制自如，就像自己的手臂一樣？尼科萊利斯的研究團隊二〇〇一年當時對於腦機介面、植入技術和機器人學已經有相當多的認識。一九九九年，他的團隊在一隻名叫貝兒（Belle）的梟猴腦中植入電極，並用果汁作為獎賞，訓練牠操縱搖桿。貝兒操縱搖桿時，連接著電極的電腦會記錄牠腦中哪些神經元觸發了，又分別對應於哪些動作。科學家接著中斷電腦連結，讓貝兒改而連接兩隻機器人手臂，不過特別的是一隻手臂在杜克大學，另一隻在往北數百英里的麻省理工學院。這樣貝兒移動搖桿時，牠腦中發出用來操縱自己手臂的信號就同時操縱那兩隻機器人手臂。

貝兒不曉得自己也在操縱機器人。牠看不到機器人，而且心裡想的可能是果汁多一點。二〇〇一年的實驗，新猴子有搖桿，而且看得見機器人手臂的動作。猴子移動搖桿時，機器人手臂也會跟著動，控制電腦螢幕上的游標。機器人的手掌張開或握起，游標就會變大或變小。可想而知，受試的猴子花了一點工夫才學會操縱機器人手臂，知道遊戲規則。等牠學會了，科學家就會關掉搖桿，猴子只需要在腦中想牠需要做的動作，機器人就會照著反應。

關於**沉思式計算**這個詞，我再說明一點。**普及運算（pervasive computing）**和**無所不在的運算（ubiquitous computing）**指的是由技術大幅躍進所促成的電腦或資訊服務。例如，個人運算是因為微處理器和記憶體價格下降，使得製造商有辦法生產個人用電腦，不再只有政府或大企業負擔得起。因此，當資訊工程學家和資訊工程師提到普及運算、主動式運算、投入式運算、雲端運算和其他運算時，他們其實在講促成這些運算的新科技或新發明。

關於第一個週一早晨場景的統計資料，選自各項不同的來源。

過去幾年，駕車使用電子裝置的現象備受注目。二〇一一年美國優利系統公司（Unisys）進行了一項調查，將近五成的受訪者表示曾在車上使用行動裝置，兩成受訪者表示曾經一邊駕車一邊使用電腦。請見Klint Finley, "Always On: Your Employees Are Working and Driving," *ReadWrite*（12 July 2011），網址請見http://www.readwriteweb.com/enterprise/2011/07/always-on.php。關於科技用品如何影響警察巡邏時的分心狀況，最詳細的分析請見Judd Citrowske et al, *Distracted Driving by Law Enforcement Officers Resulting in Auto Liability Claims: Identification of the Issues and Recommendations for Implementation of a Loss Control Program*（Saint Mary's University of Minnesota Schools of Graduate & Professional Programs, 2011），網址請見http://policedriving.com/wp-content/uploads/2011/10/Distracted-Driving-Saint-Marys-University-April-20111.pdf。

葛洛莉亞．馬克的研究團隊發現經常檢查電郵和壓力增加有關，請見Gloria J. Mark, Stephen Voida, and Armand V. Cardello, "'A Pace Not Dictated by Electrons': An Empirical Study of Work Without Email," *Proceedings of the SIGCHI Conference on Human Factors in Computing Systems*（*CHI '12*）(Austin, Texas: May 5-10, 2012）。

哈利斯／英特爾的調查請見Patrick Darling, "Stressed by Technology? You Are Not Alone," *Intel*

Newsroom Blog（19 August 2010），網址請見http://newsroom.intel.com/community/intel_newsroom/blog/2010/08/19/stressed-by-technology-you-are-not-alone。

特拉維夫大學研究人員塔利．哈圖卡（Tali Hatuka）和艾朗．托奇（Eran Toch）的「智慧空間計畫」，旨在研究智慧型手機對情境知覺的影響。他們的研究成果請見"Smart Phones Are Changing Real World Privacy Settings," Tel Aviv University press release（12 May 2012），網址http://www.aftau.org/site/News2?page=NewsArticle&id=16519。

睡眠科學家從二〇〇八年起就開始觀察到民眾睡夢中發簡訊的現象。睡眠研究人員大衛．康寧頓（David Cunnington）解釋道：「由於我們不斷收到電郵，一直從智慧型手機接到通知，使得清醒和睡眠時間的差異愈來愈模糊。」請見Naomi Selvaratnam, "People Are Sending Text Messages While They Are Asleep, Says Specialist," *Herald Sun*（22 November, 2011），網址請見http://www.news.com.au/technology/texting-in-your-sleep-not-gr8/story-e6frfro0-1226201995575. See also Sandra Horowitz, "M-F-064, Sleep Texting: New Variations on an Old Theme," *Sleep Medicine* 12, Supplement 1（September 2011），S39。

全球和美國的統計數據來自國際通訊聯盟的報告*Measuring the Information Society 2010*（Geneva: ITU, 2011）。我承認，我家的科技產品密度比一般家庭高一點，可以說是電子動物園。我家有一台桌上型電腦、一台Wii、一台數位錄放影機、三台手提電腦、三台iPad、三台任天堂掌上遊戲機、四台數位相機、四支手機和六台左右的iPod——現在已經沒人搞得清楚了——平均每人擁有六項科技產品，要的話還可以加上備份硬碟、隨身碟、DVD燒錄機、我好像怎麼也甩不掉的牛頓掌上電腦，以及滿屋子每半年就得重設一次時間的家電產品。

關於每天平均接收和發送到一百一十則訊息，出自Quoc Hoang, "Email Statistics Report, 2011-2015," ed. Sara Radicati (Palo Alto, CA: Radicati Group)。二〇一〇年一項調查顯示，六成臉書用戶每天會上臉書五次以上。請見"Reader Redux: How Many Times a Day Do You Check Facebook," *Geek*

Sugar（25 March 2010），網址請見 http://www.geeksugar.com/How-Many-Times-Do-You-Check-Facebook-One-Day-7891146。關於查看手機，請見Antti Oulasvirta, Tye Rattenbury, Lingyi Ma, and Eeva Raita, "Habits Make Smartphone Use More Pervasive," *Personal and Ubiquitous Computing* 16, no.1（January 2012）: 105-114。智慧型手機活動的統計數據來自 "Making Calls Has Become Fifth Most Frequent Use for a Smartphone for Newly-Networked Generation of Users," *O2 News Centre*（June 29, 2012），網址請見http://mediacentre.o2.co.uk/Press-Releases/Making-calls-has-become-fifth-most-frequent-use-for-a-Smartphone-for-newly-networked-generation-of-users-390.aspx。二〇〇八年，英國研究機構 YouGov 發明了**空機恐懼症**（nomophobia），來指稱手機所引發的焦慮症狀。他們調查了兩千一百名成年人，發現五成三的受訪者只要沒有手機或斷線就會焦慮，超過兩成的受訪者說自己從不關機。Robert Charette, "Do You Suffer from Nomophobia?" *IEEE Spectrum Risk Factor Blog*（May 22, 2012）, online at http://spectrum.ieee.org/riskfactor/telecom/wireless/do-you-suffer-from-nomophobia?。

關於工作狂和「忙碌代表地位重要」，請見Leslie Perlow, *Sleeping With Your Smartphone*（Cambridge: Harvard Business Review Press, 2012）。多工作業的情緒滿足感研究，請見Zheng Wang and John M. Tchernev, "The 'Myth' of Media Multitasking: Reciprocal Dynamics of Media Multitasking, Personal Needs, and Gratifications," *Journal of Communication* 62, no.3（June 2012）: 493-513。

關於分心與科技，請見Maggie Jackson, *Distracted: The Erosion of Attention and the Coming Dark Age*（Prometheus, 2008）; Jonathan B. Spira, *Overload! How Too Much Information is Hazardous to Your Organization*（New York: John Wiley, 2011）; Victor M. González and Gloria Mark, "'Constant, Constant, Multi-tasking Craziness': Managing Multiple Working Spheres," *CHI 2004*（April 24-29, 2004, Vienna, Austria）; Laura Dabbish, Gloria Mark, and Victor González, "Why Do I Keep Interrupting Myself?: Environment, Habit and Self-Interruption," *CHI 2011*（Vancouver, BC: May 7-12, 2011）。

數位設備消費、使用和上網時間的數據，出自 Janna Anderson and Lee Rainie, *Millennials Will*

Benefit and Suffer Due to Their Hyperconnected Lives, Pew Internet and American Life Project, 2012; U.S. Census, *2012 Statistical Abstract*; Aaron Smith, *Mobile Access 2010*, Pew Internet and American Life Project, 2010; United States Energy Information Administration, 2009。

「天生賽博格」一詞出自Andy Clark的*Natural-Born Cyborgs: Minds, Technologies, and the Future of Human Intelligence*（Oxford: Oxford University Press, 2004）。安迪・克拉克是愛丁堡大學道德哲學講座（這個講座聽起來很像古董了）教授。關於神經科學和資訊科技的哲學意涵，他的作品最好讀也最嚴謹。

第一章　呼吸

關於睡眠呼吸中止症候群，請見Terry Young, Paul E. Peppard and Daniel J. Gottlieb, "Epidemiology of Obstructive Sleep Apnea: A Population Health Perspective," *American Journal of Respiratory and Critical Care Medicine* 165（2002）: 1217-39。

安迪・克拉克的*Supersizing the Mind: Embodiment, Action, and Cognitive Extension*（Oxford: Oxford University Press, 2010）收錄在他和大衛・查默思的"The Extended Mind," *Analysis* 58（1998）, 7-19，兩人首次提出延伸心靈假說。Alva Noë出色的專業著作*Action in Perception*（Cambridge: MIT Press, 2006）和比較易讀的*Out of Our Heads: Why You Are Not Your Brain, and Other Lessons from the Biology of Consciousness*（New York: Hill and Wang, 2010）也是非常傑出的作品。

諷刺的是，**成癮**（addiction）這個詞用在高科技事物上，其實很符合這個詞的原始意義。addiction 最早出現在莎士比亞的《亨利四世》，其中一個角色說到年輕的哈爾王子，表示「他的addiction就是胡亂詛咒」。這個詞來自拉丁文的addictus，指的是合法奴役。古羅馬時代，為了懲罰債務人並作為償債的一種方式，法官可以將債務人判給（addicted to）債權人。法律更規定如果債務人同時積欠多人債務，可以將其肢解，將屍體分給各債權人，不過這很少發生。我們現在熟悉的用法首先出現於一九九〇年代初期，主要用來指稱鴉片和嗎啡上癮，用在高科技事物上則始於一九八〇年代。當時設計師企圖做出「簡單到連阿嬤都會用的」個人電腦，而產品讓人上癮被視為一件好事，表示擁有固定的使用者群和獲利基礎。因此，社群媒體「上癮」算是呼應了這個詞的古老和現代意義。推特「成癮」的人，一方面受役於無法克制的衝動，另一方面受役於其他使用者，離不開他們。

馬里蘭大學的研究出自*A Day Without Media*，網址請見 http://withoutmedia.wordpress.com/。

關於工具使用和人類演化，請見Timothy Taylor, *The Artificial Ape: How Technology Changed the Course of Human Evolution*（London: Palgrave Macmillan, 2010）; Stanley H. Ambrose, "Paleolithic Technology and Human Evolution," *Science* 291, no.5509（March 2, 2001）: 1748-1753; Richard Wrangham, *Catching Fire: How Cooking Made Us Human*（New York: Basic Books, 2010）。澳洲人類學家湯馬斯・蘇登多夫指出，在甲地製造用於乙地的石器，證明了原人具有「心理時間旅行」的特質。請見Thomas Suddendorf, Donna Rose Addis, and Michael C. Corballis, "Mental Time Travel and the Shaping of the Human Mind," *Phil. Trans. R. Soc. B*（2009）364: 1317-24。珍恩・哈洛斯（Jane Hallos）也指出能製作工具代表具有規畫能力，請見 "'15 Minutes of Fame': Exploring the Temporal Dimension of Middle Pleistocene Lithic Technology," *Journal of Human Evolution* 49（2005）: 155-79。

教導倭黑猩猩製作工具是印地安那大學一九九〇年代進行的實驗，請見Kathy D. Schick, Nicholas Toth, Gary Garufi, E. Sue Savage-Rumbaugh, Duane Rumbaugh, Rose Sevcik, "Continuing Investigations into the Stone Tool-Making and Tool-Using Capabilities of a Bonobo（Pan paniscus）," *Journal of Archaeological Science* 26, no.7（July 1999）: 821-32。

人類穿著衣物的歷史已經超過十七萬年。科學家的判斷依據是體蝨，因為體蝨後來演化成生活在穿有衣服的表皮上，而非裸裎的皮膚。請見Melissa A. Toups, Andrew Kitchen, Jessica E. Light, and

David L. Reed, "Origin of Clothing Lice Indicates Early Clothing Use by Anatomically Modern Humans in Africa," *Molecular Biology and Evolution* 28, no.1（January 2011）：29-32。相對地，鞋子是比較晚近的發明，大概只有四萬年的歷史，最早出現在舊石器時代晚期。請見Erik Trinkaus, "Anatomical Evidence for the Antiquity of Human Footwear Use," *Journal of Archaeological Science* 32, no.10（October 2005）：1515-26。

關於藥物，請見Richard Evans Schultes, Albert Hofmann, and Christian Rätsch, *Plants of the Gods: Their Sacred, Healing, and Hallucinogenic Powers*, rev. ed.（Rochester, VT: Healing Arts Press, 2001）。舒爾特斯是民族古植物學的奠基者之一，霍夫曼最有名的事蹟則是發現了迷幻藥（麥角二乙胺）。

書寫對希臘文明和思考的認知影響，請見Eric Havelock 精彩的小書*The Muse Learns to Write*（Yale University Press, 1986）。另外，Walter Ong 的*Orality and Literacy: The Technologizing of the Word*（1982; rev. ed. London: Routledge, 2002）也很出色。

邁錫尼劍的故事，請見Lambros Malafouris, "Is It 'Me' or Is It 'Mine'? The Mycenaean Sword As a Body-Part," in J. Robb & D. Boric, eds., *Past Bodies*（Oxford: Oxbow Books, 2009），115-23。馬拉佛里斯是認知考古學的領導者，這個領域的主要著作包括：Malafouris, "The Cognitive Basis of Material Engagement: Where Brain, Body and Culture Conflate," in E. DeMarrais, C. Gosden & C. Renfrew, eds., *Rethinking Materiality: The Engagement of Mind with the Material World*（Cambridge, UK: The McDonald Institute for Archaeological Research, 2004），53-62; "Beads for a Plastic Mind: the 'Blind Man's Stick'（BMS）Hypothesis and the Active Nature of Material Culture," *Cambridge Archaeological Journal* 18, no.3（2008）：401-14; "Between Brains, Bodies and Things: Tectonoetic Awareness and the Extended Self," *Phil. Trans. R. Soc. B*（2008）363: 1993-2002; Dietrich Stout, Nicholas Toth, Kathy Schick, and Thierry Chaminade, "Neural Correlates of Early Stone Age Toolmaking: Technology, Language and Cognition in Human Evolution," *Phil. Trans. R. Soc. B*（2008）363: 1939-49。武器的認知考古學研究，請見Marlize

Lombard & Miriam Noël Haidle, "Thinking a Bow-and-Arrow Set: Cognitive Implications of Middle Stone Age Bow and Stone-Tipped Arrow Technology," *Cambridge Archaeological Journal* 22, no.2（2012）: 237-64。

關於身體意象，請見Lucilla Cardinali, Claudio Brozzoli and Alessandro Farnè, "Peripersonal Space and Body Schema: Two Labels for the Same Concept?" *Brain Topography: A Journal of Cerebral Function and Dynamics* 21, no.3-4（2009）: 252-60。

關於手機振動幻覺這個有趣的現象，請見David Laramie, "Emotional and Behavioral Aspects of Mobile Phone Use"（Ph.D. thesis, and Alliant University International, 2007）; Ghassan Thabit Saaid Al-Ani, Najeeb Hassan Mohammed, and Affan Ezzat Hassan, "Evaluation of the Sensation of Hearing False Mobile Sounds（Phantom Ring Tone; Ringxiety）in Individuals," *Iraqi Postgraduate Medical Journal* 1, no.1（2009）: 90-94; Michael Rothberg et al, "Phantom Vibration Syndrome Among Medical Staff: A Cross-Sectional Survey," *British Medical Journal* 341（2010）: c6914; Michelle Drouin, Daren H. Kaiser, and Daniel A. Miller, "Phantom Vibrations Among Undergraduates: Prevalence and Associated Psychological Characteristics," *Computers in Human Behavior* 28, no.4（July 2012）: 1490-96。

關於飛機是「美麗的機器」的描述來自NASA太空人大衛・史考特，見David Scott and Alexei Leonov, *Two Sides of the Moon: Our Story of the Cold War Space Race*（New York: St. Martin's, 2006）, 29。

關於寫程式的魅力，Ellen Ullman的*Close to the Machine: Technophilia and Its Discontents*（London: Picador, 2012）提供了非常出色的內行人觀點。

關於數學的具象化特質，請見George Lakoff and Rafael Núñez, *Where Mathematics Comes From: How the Embodied Mind Brings Mathematics into Being*（New York: Basic Books, 2000）。數學家和數學教師會用某些動作來解釋數學概念，這也是數學具象化的證明。這方面的有趣文獻包括Martha W. Alibali and Mitchell J. Nathan, "Embodiment in Mathematics Teaching and Learning: Evidence from Learners' and Teachers' Gestures," *Journal of the Learning Sciences* 21, no.2（2012）: 247-286; Nathalie

Sinclair and Shiva Gol Tabaghi, "Drawing Space: Mathematicians' Kinetic Conceptions of Eigenvectors," *Educational Studies in Mathematics* 74, no.3（2010）：223-40。

希臘排字工人的故事出自John Seely Brown and Paul Duguid, *The Social Life of Information*（Harvard Business School Press, 2000）。奧托的故事出自Andy Clark and David Chalmers, "The Extended Mind"。

貝西・史派羅的交換記憶研究，請見Sparrow, Jenny Liu, and Daniel M. Wegner, "Google Effects on Memory: Cognitive Consequences of Having Information at Our Fingertips," *Science* 333, no.6043（5 August 2011）：776-78。

關於閱讀，畫重點和做筆記，請見Maryann Wolf, *Proust and the Squid*: The Story and Science of the Reading Brain（New York: Harper Perennial, 2008）。更深入的研究，請見Sarah E. Peterson, "The Cognitive Functions of Underlining as a Study Technique," *Reading Research and Instruction* 31, no.2（1991）：49-56; Rebecca Sandak et al., "The Neurobiological Basis of Skilled and Impaired Reading: Recent Findings and New Directions," *Scientific Studies in Reading* 8, no.3（2004）：273-92; Fabio Richlan, Martin Kronbichler, and Heinz Wimmer, "Functional Abnormalities in the Dyslexic Brain: A Quantitative Meta-Analysis of Neuroimaging Studies," *Human Brain Mapping* 30（2009）：3299-3308。

字距的歷史請見Paul Saenger 的兩份著作‥"Silent Reading: Its Impact on Late Medieval Script and Society," *Viator: Medieval and Renaissance Studies* 13（1982）：367-414, and *Space Between Words: The Origins of Silent Reading*（Stanford: Stanford University Press, 1997）。

法律閱讀，請見Ruth McKinney, *Reading Like a Lawyer*（Durham NC: Carolina Academic Press, 2005）；Kirk Junker, "What is Reading in the Practice of Law?" *Journal of Law and Society* 9（2008）：111-62; Leah M. Christensen, "The Paradox of Legal Expertise: A Study of Experts and Novices Reading the Law," *Brigham Young University Education and Law Journal* 1（2008）：53-87。

心流的經典著作為Mihaly Csikszentmihalyi, *Flow: The Psychology Of Optimal Experience*（1992;

London: Rider, 2002）。讀者還可以參考Mihaly Csikszentmihalyi and Isabella Selega Csikszentmihalyi, eds., *Optimal Experience: Psychological Studies of Flow in Consciousness*（Cambridge: Cambridge University Press, 1988）。關於注意力研究，Winfried Gallagher, *Rapt: Attention and the Focused Life*（New York: Penguin, 2010）是很好讀的導論作品。

能夠創造心流，將挑戰視為值得擁抱而非逃避的事物的人，往往更有韌性，更能面對人生的重大挑戰。勞倫斯．岡薩雷斯在他出色的作品《冷靜的恐懼：絕境生存策略》（*Deep Survival: Who Lives, Who Dies, and Why*. New York: W. W. Norton, 2004）中提到，遭遇船難、雪崩、大地震、海嘯和其他災難而能倖存的人，都具備一些共同的心理特質。這些人面對新的處境能迅速調整自己，接受救援可能很久才會出現、自己或許難逃一劫的事實，同時又能找出當下該做什麼，讓自己有事可做。面對世界突然支離破碎的混亂，他們能找出新的模式讓心靈恢復平穩，將死亡的念頭拋到腦後。有趣的是，若你身旁有夥伴受傷，但不到命危的程度，你的存活機率將會提高，因為照顧他人會迫使你專心，不再自怨自艾。這些人的感官會更敏銳，隨時把握求生的機會，卻又能欣賞自己的險惡處境。例如，在救生艇上缺水數天的人除了用防水布貯水，往往也會讚嘆清澈的夜空或發光的海底生物。某位觀察家說得好：「求生其實就是在絕境中正常過日子。」

海瑞格的*Zen in the Art of Archery: Training the Mind and Body to Become One*（New York: Penguin, 2004）於一九五三年出版英文版，儘管近年來飽受批判，仍屬重要的禪論述。內容主要結集一九三六年海瑞格在柏林發表有關武士弓藝的一系列演講；隔年他加入納粹黨，在愛爾朗根大學（University of Erlangen）有不錯的學術成就，並於一九四四年當上校長，達到顛峰。關於海瑞格對日本弓道，海瑞格的作品及其影響力的批判分析，請見Yamada Shōji, "The Myth of Zen in the Art of Archery," *Japanese Journal of Religious Studies* 28, no.1-2（2001）: 1-30 and Yamada Shōji, *Shots in the Dark: Japan, Zen and the West*（Chicago: University of Chicago Press, 2009）。

尼瑪．莫拉維吉的研究請見Calming Technology blog, at http://calmingtechnology.org/；關於「靜

心教練」，請見Neema Moraveji, "Augmented Self-Regulation"（Ph.D. Dissertation, Stanford University, 2012）。

第二章　簡化

除非特別提及，否則本章所提到的訪談都來自James Anderson, Marzban Cooper, Jesse Grosjean, Michael Grothaus, Rebecca Krinke, Donald Latumahina, and Fred Stutzman，時間為二〇一一年夏天和秋天。

Freedom 可以從Fred Stutzman的網站下載：http://macfreedom.com/. WriteRoom 的下載網址為http://www.hogbaysoftware.com/products/writeroom。維吉妮亞・赫弗南對WriteRoom 的評論請見"An Interface of One's Own," *New York Times*（January 6, 2008）。

飛機自動駕駛裝置和線傳飛控系統的風險已經討論多年，尤其在法航四四七號班機失事之後，更是引發熱議。這架空中巴士三三〇（空中巴士三三〇是目前設備最精密複雜的民航機）由於自動駕駛系統故障，副機長拉高機身導致飛機失速而墜毀。部分飛安專家和機長指出，空中巴士這類高科技飛機在正常情境很好駕駛，但一有狀況就很難判斷哪裡出了問題，就像平常好用的電腦故障時只會顯示當機畫面一樣。空中巴士太過複雜，使得機長無法養成機件故障時的處置直覺。關於法航四四七班機失事前的最後過程和機長的角色，請見 Jeff Wise, "What Really Happened Aboard Air France 447," *Popular Mechanics*（6 December 2011）, online at http://www.popularmechanics.com/technology/aviation/crashes/what-really-happened-aboard-air-france-447-6611877。

有關多工作業的歷史，請見Lyn Wadley, Tamaryn Hodgskiss, and Michael Grant, "Implications for Complex Cognition from the Hafting of Tools with Compound Adhesives in the Middle Stone Age, South Africa," *Proceedings of the National Academy of Sciences* 106, no.24（16 June 2009）: 9590-94; Monica

Smith, *A Prehistory of Ordinary People*（Phoenix: University of Arizona Press, 2010）。

克里夫・納斯對強迫切換式作業的研究發現，請見Eyal Ophir, Clifford Nass, and Anthony D. Wagner, "Cognitive Control in Media Multitaskers," *Proceedings of the National Academy of Sciences* 106, no.37（September 15, 2009）: 15583-87；另外也可參考納斯接受美國公共電視網「前線」節目的專訪：*Frontline*, December 1, 2009，網址請見http://www.pbs.org/wgbh/pages/frontline/digitalnation/interviews/nass.html。有關多工作業的代價，請見Nicholas Carr, *The Shallows: What the Internet Is Doing to Our Brains*（New York: W. W. Norton, 2010）。

歌劇是一種多工作業，這個靈感來自學術界對歌劇和虛擬實境的比較，最早由Michael Heim, *The Metaphysics of Virtual Reality*（Oxford: Oxford University Press, 1993）提出，接著出現在Randall Packer and Ken Jordan的文集 *Multimedia: From Wagner to Virtual Reality*（New York: W. W. Norton, 2001）, Matthew Wilson Smith, *The Total Work of Art: From Bayreuth to Cyberspace*（New York: Routledge, 2007）。

創造力來自有趣的並置，這個看法得到不少人支持，其中最有說服力的或許是席爾瓦諾・艾利提（Silvano Arieti）和他的《創造力：神奇的綜合》（*Creativity: The Magic Synthesis*, New York: Basic Books, 1976）。所有創意產業都可以見到這類別出心裁的綜合，例如英國建築師克里斯多夫・倫恩（Christopher Wren）結合了巴洛克和古典風格，設計出倫敦的聖保羅大教堂；瑞士工程師喬治・德・邁斯楚（George de Mestral）以果實芒刺為模型，發明了新的黏著材料，也就是魔鬼氈。洛杉磯主廚羅伊・崔結合了韓國烤肉和墨西哥餅，創造出韓風墨西哥餐。

受限但不到絕望的處境也可能激發創造力，例如馬基維利就是軟禁在家時寫出《君王論》的。薩德侯爵的妻子將文具和情趣用品偷送進巴士底監獄，而法國史學家布勞岱爾被關在德國呂貝克市（Lübeck）郊的軍官戰俘營，那裡的生活條件比其他戰俘營好，他在囚禁期間完成了代表作。不過，暴虐政權下或勞役繁重的囚犯或戰俘就沒那麼好運了。當然，還有一個人的大作也是在牢裡完成的，那就是在慕尼黑市郊藍茲柏格監獄（Landsberg Prison）裡寫出《我的奮鬥》的希特勒。

傑佛瑞・麥金塔在以下報導中發明了「禪軟體」一詞："The Tao of Screen: In search of the Distraction-Free Desktop," *Slate*（24 January 2008），網址請見http://www.slate.com/articles/technology/technology/2008/01/the_tao_of_screen.html。

傑西・葛洛斯強解釋道，他在設計大綱軟體時曾經想到一個點子，就是將電腦變成全螢幕的文書編輯器，像打字機那樣。這個想像的軟體名叫Blockwriter，它會中斷電腦裡的其他程式，甚至沒有刪除或編輯功能，就像填字遊戲一樣，你只能往前，不能往後。他還發現一個叫尤利西斯的軟體。這套軟體是德國開發商索爾門（Soulmen，小型軟體公司有時反而能保留駭客的異想天開）發明的全螢幕文書程式。葛洛斯強回憶道：「最後WriteRoom介於兩者之間。它提供全螢幕模式，但不像尤利西斯想建立一個大型『系統』，同時它也不像Blockwriter有那麼多限制。」若用音樂來比喻，尤利西斯和其他早期的全螢幕文書軟體是三角洲藍調，WriteRoom就是貓王。前者深思熟慮、演出精準，擁有死忠的樂迷，後者則像脫韁野馬。

本章關於禪軟體的評論出自Mike Gorman, "Ommwriter: Like Writing in a Zen Garden," *Geek-Tank*（17 September 2010），網址請見 http://www.geek-tank.com/software/ommwriter-like-writing-in-a-zen-garden/; Donald Latumahina, "Creative Thinking Cool Tool: JDarkRoom," *Life Optimizer*（15 February 2007），網址 www.lifeoptimizer.org/2007/02/15/creative-thinking-cool-tool-jdarkroom/; J. Dane Tyler, "Software Review: DarkRoom v. JDarkRoom," *Darcknyc*（29 December 2007），網址 http://darcknyt.wordpress.com/2007/12/29/software-review-darkroom-v-jdarkroom/；希夏德・諾登的引文出自WriteMonkey Web site, http://writemonkey.com/. Rob Pegoraro, "That Green Again," *Washington Post*（20 March 2008），網址http://www.washingtonpost.com/wp-dyn/content/article/2008/03/19/AR2008031903559.html。

詹姆士・安德森的研究收錄在Catherine Weir, James Anderson, and Mervyn Jack, "On the Role of

Metaphor and Language in Design of Third Party Payments in eBanking: Usability and Quality," *International Journal of Human-Computer Studies* 64, no.8（2006）: 770-784; and "If Knowledge Then God: The Epistemological Theistic Arguments of Plantinga and Van Til," *Calvin Theological Journal* 40, no.1（2005）: 49-75。安德森曾任溝通介面研究中心的研究員，目前在北卡羅來納夏洛特市（Charlotte）的改革神學院擔任神學和哲學教授。

佛瑞德・史圖茲曼談論禪軟體和Freedom 的文章，請見"Productivity in the Age of Social Media," in R. Trebor Scholz, ed., *The Digital Media Pedagogy Reader*（New York, NY: Institute for Distributed Creativity, Comment Press, 2011），網址請見http://learningthroughdigitalmedia.net/productivity-in-the-age-of-social-media-freedom-and-anti-social。

有關泰勒主義在美國科技發展史上的地位，請見Thomas Parke Hughes, *American Genesis: A Century of Invention and Technological Enthusiasm, 1870-1970*（Chicago: University of Chicago Press, 1990）。

喬治・拉可夫對於「形構」著述甚豐。他和馬克・詹森合著的《我們賴以生存的比喻》（*Metaphors We Live By,* Chicago: University of Chicago Press, 1980）提到了一些他對形構的早期見解。形構也影響了麥金塔介面設計團隊對於比喻的看法。克里斯・艾斯賓諾沙（Chris Espinosa）記得一九八〇年代初期，曾在蘋果公司的桌上看到拉可夫的書。最近，拉可夫嘗試將自己的想法應用到政治領域上參見他的書*Thinking Points*（New York: Farrar, Straus and Giroux, 2005）and *The Political Mind*（New York: Viking, 2008）。

第三章　冥想

冥想的文獻汗牛充棟，我自己的作法來自Steve Hagen, *Buddhism Is Not What You Think: Finding*

Freedom Beyond Beliefs（New York: HarperCollins, 2004）（這本書從哲學角度介紹佛教，是很好的導論）;the Dalai Lama, Jeffrey Hopkins trans. and ed., *How to Practice: The Way to a Meaningful Life*（New York: Atria Books, 2003）; Katsuki Sekida, *Zen Training: Methods and Philosophy*（Boston: Shambhala, 1985）（這本書檢視了打坐與呼吸，以及這兩件事對好的冥想的影響，討論得非常好），以及意外深刻與有用的Stephan Bodian, *Meditation For Dummies*（New York: Wiley, 2006）（我**有**說過，我不是很深入的冥想者）。

Joanna Cook, *Meditation in Modern Buddhism: Renunciation and Change in Thai Monastic Life*（Cambridge: Cambridge University Press, 2010）是介紹當代佛教和冥想很好的入門書。

有關冥想和觀照（正念）的應用，請見 Jon Kabat-Zinn, *Full Catastrophe Living: Using the Wisdom of Your Body and Mind to Face Stress, Pain, and Illness*（New York: Random House, 1990）。他的"Mindfulness-Based Interventions in Context: Past, Present, and Future," *Clinical Psychology: Science and Practice* 10, no.2（Summer 2003）, 144-56，目前仍是一本關於「正念減壓」很有用的概論。對於正念減壓的批評，請見Wakoh Shannon Hickey, "Meditation as Medicine: A Critique," *CrossCurrents*（June 2010）, 168-84。

更專業的研究，請見William S. Blatt, "What's Special about Meditation? Contemplative Practice for American Lawyers," *Harvard Negotiation Law Review* 7（2002）: 125-41; Major G. W. Dickey, "Mindfulness-Based Cognitive Therapy as a Complementary Treatment for Combat/Operation Stress and Combat Post-Traumatic Stress Disorder"（M.A. thesis, Marine Corps University, 2008）, online at http://www.dtic.mil/cgi-bin/GetTRDoc?AD=ADA490935&Location=U2&doc=GetTRDoc.pdf; Charlotte J. Haimer and Elizabeth R. Valentine, "The Effects of Contemplative Practice on Intrapersonal, Interpersonal, and Transpersonal Dimensions of the Self-Concept," *Journal of Transpersonal Psychology* 33, no.1（2001）: 33-52; Keith A. Kaufman, Carol R. Glass, and Diane B. Arnkoff, "Evaluation of Mindful Sport Performance Enhancement

(MSPE)：A New Approach to Promote Flow in Athletes," *Journal of Clinical Sports Psychology* 4（2009）：334-56; Ying Hwa Kee and C.K. John Wang, "Relationships Between Mindfulness, Flow Dispositions and Mental Skills Adoption: A Cluster Analytic Approach," *Psychology of Sport and Exercise* 9, no.4（July 2008）：393-411; Maria Lichtmann, *The Teacher's Way: Teaching and the Contemplative Life*（Mahwah, NJ: Paulist Press, 2005）；Donald R. Marks, "The Buddha's Extra Scoop: Neural Correlates of Mindfulness and Clinical Sport Psychology," *Journal of Clinical Sports Psychology* 2, no.3（August 2008）：216-41; Ed Sarath, "Meditation in Higher Education: The Next Wave?" *Innovative Higher Education* 27, no.4（2003）：215-23。

覺察式的法律實踐者反對傳統的法律協商。過去的法律實務常將法律爭端視為零和遊戲，法律系統也以訴訟雙方立場敵對來設計制度，以至於律師很少主動尋求雙贏，尋找結果對雙方都有益處的解決方案。請見David Hoffman, "The Future of ADR: Professionalization, Spirituality, and the Internet," *Dispute Resolution Magazine* 14（2008）：6-10; Marjorie A. Silver, "Lawyering and Its Discontents: Reclaiming Meaning in the Practice of Law," *Touro Law Review* 19（2004）：773-824; Arthur Zajonc, "Contemplative and Transformative Pedagogy," *Kosmos Journal* 5, no.1（Fall/Winter 2006）：1-3。

關於冥想和意識的神經科學研究概論，請見Antoine Lutz, John D. Dunne, and Richard J. Davidson, "Meditation and the Neuroscience of Consciousness: An Introduction," in Philip David Zelazo, Morris Moscovitch, Evan Thompson, eds., *The Cambridge Handbook of Consciousness*（Cambridge: Cambridge University Press, 2007）。

這裡所提到的研究出自Antoine Lutz, Lawrence L. Greischar, Nancy B. Rawlings, Matthieu Ricard, and Richard J. Davidson, "Long-Term Meditators Self-induce High-Amplitude Gamma Synchrony During Mental Practice," *Proceedings of the National Academy of Sciences* 101, no.46（November 16, 2004）：16369-73; Richard J. Davidson and Antoine Lutz, "Buddha's Brain: Neuroplasticity and Meditation," *IEEE Signal Processing Magazine*（September 2007），171-74; Antoine Lutz et al., "Attention Regulation and Monitoring in Meditation," *Trends in Cognitive Sciences* 12, no.4（April 2008）: 163-69。

有關音樂家大腦的研究，Daniel Levitin, *This Is Your Brain on Music: The Science of a Human Obsession*（New York: Plume, 2006）是很出色的導論。更多詳細的研究，請見G. Schlaug et al., "In Vivo Evidence of Structural Brain Asymmetry in Musicians," *Science* 267, no.5198（February 3, 1995）: 699-701; Stefan Elmer, Martin Meyer and Lutz Jäncke, "Neurofunctional and Behavioral Correlates of Phonetic and Temporal Categorization in Musically Trained and Untrained Subjects," *Cerebral Cortex* 22, no.3（March 2012）: 650-58（doi: 10.1093/cercor/bhr142）; Patrick Bermudez, Jason P. Lerch, Alan C. Evans and Robert J. Zatorre, "Neuroanatomical Correlates of Musicianship as Revealed by Cortical Thickness and Voxel-Based Morphometry," *Cerebral Cortex* 19, no.7（July 2009）: 1583-96（doi: 10.1093/cercor/bhn196）。關於數學家的腦袋，請見K. Aydin, A. Ucar, K.K. Oguz, O.O. Okur, A. Agayev, Z. Unal, S. Yilmaz and C. Ozturk, "Increased Gray Matter Density in the Parietal Cortex of Mathematicians: A Voxel-Based Morphometry Study," *American Journal of Neuroradiology* 28（November 2007）: 1859-64. 關於拋球者大腦白質微結構的改變，請見Jan Scholz, Miriam C. Klein, Timothy E.J. Behrens and Heidi Johansen-Berg, "Training Induces Changes in White Matter Architecture," *Nature Neuroscience* 12, no.11（November 2009）: 1370-71. 詹恩・舒茲解釋道：「經過六星期的拋接球訓練，我們發現這群受試者的大腦白質出現變化，未受訓的受試者則沒有。發生改變的大腦部位，其功能為取得和掌握周邊視覺的訊息。」舒茲被引用於"Matter in Hand: Jugglers Have Rewired Brains," *Phys.org*（October 11, 2009），網址http://phys.org/news174490349.html#nRlv。不少研究計畫以倫敦的計程車司機為對象，主要計畫主持人包括倫敦大學學院的Eleanor A. Maguire，請見E. Maguire, Richard Frackowiak, and Christopher Frith, "Recalling Routes Around London: Activation of the Right Hippocampus in Taxi Drivers," *Journal of Neuroscience* 17, no.18（September 15, 1997）: 7103-10; E. Maguire, David G. Gadian, Ingrid S. Johnsrude, Catriona D. Good, John Ashburner, Frackowiak and Frith, "Navigation-Related Structural Change in the Hippocampi of Taxi Drivers," *Proceedings of the National Academy of Sciences* 97, no.8（April 11, 2000）：4398-403; Katherine Woollett, Hugo J. Spiers, and E. Maguire, "Talent in the Taxi: A Model System for Exploring Expertise," *Phil. Trans. R. Soc.* B 364, no. 1522（May 27, 2009）：1407-16。

克里夫・沙侖的團隊的研究成果，請見Center for Mind and Brain, *Five Year Report 2003-2008*（University of California, Davis, 2008）。端粒研究請見Elissa Epel, Jennifer Daubenmier, Judith Moskowitz, Susan Folkman and Elizabeth Blackburn, "Can Meditation Slow Rate of Cellular Aging? Cognitive Stress, Mindfulness, and Telomeres," *Annals of the New York Academy of Sciences* 1172（2009）：34-53。

關於神經科學和意識的交會，還有一個同樣很有價值的研究，請見Susan Blackmore, *Zen and the Art of Consciousness*（Oxford: OneWorld, 2011）。布雷克莫是神經科學家，在書裡藉由自己的科學研究和多年冥想的經驗來檢視意識本質的問題。

本書關於修士和僧侶部落客的資料，主要來自和以下人士的電郵和史蓋普訪談內容：Jonathan Coppola, Caine Das, Sister Gryphon, Choekyi Libby, Bhikkhu Samahita, Damchoe Wangmo, and Noah Yuttadhammo，時間為二〇一一年夏天和秋天。關於僧侶和部落格，還有一項研究以韓國僧侶部落客為主，請見Joonseong Lee, "Cultivating the Self in Cyberspace: The Use of Personal Blogs among Buddhist Priests," *Journal of Media and Religion* 8（2009）：97-114。

有關佛教與全球化，請見Peter Oldmeadow, "Tibetan Buddhism and Globalization," in Carole M. Cusack and Peter Oldmeadow, eds., *The End of Religions? Religion in an Age of Globalisation*（Sydney Studies in Religion, 2001），266-79。

遊僧（森林僧）的生活似乎與時間無關，而斯里蘭卡作為佛教重鎮已經有兩千多年的歷史。然而，強調隔絕和純潔的遊僧運動其實是相當晚近的發展，主要受到兩大因素的推波助瀾，一是二次大戰後（一九四八年）斯里蘭卡脫離英國獨立之後的佛教復興，二是一九五六年為佛陀逝世兩千五百年紀念。錫蘭遊僧（山林僧侶）的相關資料，出自Nur Yalman, "The Ascetic Buddhist Monks of

Ceylon," *Ethnology* 1, no.3（July 1962）: 315-28, and Michael Carrithers, "The Modern Ascetics of Lanka and the Pattern of Change in Buddhism," *Man* 14, no.2（June, 1979）: 294-310。

佛教習慣為剛受戒的出家人取新名字。這些法名由師父或住持所取，當然也有一些命名的傳統方式，例如有些師父會選擇代表徒弟性格、描述他的修行性質或他應該加強的部分作為法名，還有些住持會以師承、生日和世代作為法名。中國和越南僧侶的法名都以「釋」開頭。

軸心時代出自Karl Jaspers, *Origin and Goal of History*（1951; repr. London: Routledge, 2011）；比較晚近的相關著作則為Karen Armstrong, *The Great Transformation: The Beginning of Our Religious Traditions*（New York: Anchor, 2007）。

已經有不少學者主張網路不是第一個改變我們大腦運作的資訊科技，頂多只是最新的一個。書寫的發明——尤其是希臘字母，它是世上第一個可以精確重現讀音的文字系統——深遠改變了人類的思考方式。印刷術解放了資訊，比網路早了五百年，而報紙則是第一個準即時媒體，更是「想像的共同體」得以成長的關鍵基礎。根據傳播學者麥克魯漢（Marshal-McLuhan）的說法，一九六〇年代，收音機、電話和電視開始將世界轉變成「地球村」。

人類歷史上經歷過數次資訊革命，每一次都有人哀嘆。蘇格拉底不信任書寫的新媒介，威尼斯人文主義者希洛尼莫．史奎西亞費可（Hieronimo Squarciafico），一四七七年在他的《記憶與書》（*Memory and Books*）裡，抱怨「書本過剩讓人不再用功，心智缺乏鍛鍊而變得貧弱，更戕害了記憶」。一百五十年前的電報是「維多利亞時代的網路」，當時的人對電報的預言和警告有不少出現在現代人對網路的批評當中。請見 Tom Standage 有趣的著作 *The Victorian Internet: The Remarkable Story of the Telegraph and the Nineteenth Century's On-Line Pioneers*（London: Walker, 1998）如。

第四章　去程式化

有關摩爾定律和電腦的歷史，請見Martin Campbell-Kelly and William Aspray, *Computer: A History of the Information Machine*（New York: Basic Books, 1996）。

我目前經歷了十二輪的摩爾定律。我的第一台電腦是一九八八年買的麥金塔Plus，當時個人電腦已經問世十年，麥金塔電腦系列——最早擁有繪圖介面和滑鼠的普及電腦——剛滿四歲。Plus擁有八MHz處理器、一MB隨機存取記憶體、八百K軟式磁碟機和九英寸單色螢幕。我用它寫博士論文，玩了不曉得多少次黑暗城堡，真是往事不堪回首。二十三年後的今天，我買了一台iPad 2來寫書，它的規格只比Plus好一點：八百MHz雙核心處理器、五一二MB隨機存取記憶體、六十四GB記憶容量，螢幕尺寸跟Plus差不多，但有彩色和觸控功能。我最新的電腦至少比我第一台電腦快一百倍，記憶容量也是，卻比它便宜。一九八八年，我花了大約兩千美元買下Plus（相當於二〇一一年的三千八百美元），iPad卻只花了我一千美元左右，而且還包括鍵盤和其他配備（相當於一九八八年的五百二十五美元）。Plus沒有無線網卡，蘋果公司也沒想到我的電腦需要連上網路。當時四十八．八K的外接數據機就要兩百美元。我的iPad是大雜燴，裡面有二十GB的音樂和電影（相當於兩萬五千張磁碟片），但大多數跟工作相關的事務都需要連到網路才能執行。iPad是我連接到雲端的終端裝置。它本身的效能遠勝過Plus，但更重要的是它能連到網路，連接到縱橫全球的運算能力與記憶容量，讓它的效能增強了十億倍，而且每天都在增加。

大腦發育有許多都發生在嬰兒出生前，第二次的迅速成長則在童年早期。請見John Dobbing and Jean Sands, "Quantitative Growth and Development of Human Brain," *Archives of Disease in Childhood* 48（1973），757-67。

拜倫．李弗斯和克里夫．納斯率先研究人類對電腦的心理反應，兩人合著的*The Media Equation: How People Treat Computers, Television, and New Media Like Real People and Places*（Cambridge:

Cambridge University Press, 1996）是出色的導論。納斯的*The Man Who Lied to His Laptop: What Machines Teach Us About Human Relationships*（New York: Penguin, 2010）也是很好讀的傑出著作。更詳細的研究請見Clifford Nass, Youngme Moon, and Paul Carney, *Are People Polite to Computers?: Responses to Computer-Based Interviewing Systems*（Division of Research, Harvard Business School, 1998）；Clifford Nass and Youngme Moon, "Machines and Mindlessness: Social Responses to Computers," *Journal of Social Issues* 56, no.1（2000）: 81-103; Yasuhiro Katagiri, Clifford Nass, and Yugo Takeuchi, "Cross-Cultural Studies of the Computers Are Social Actors Paradigm: The Case of Reciprocity," in Michael Smith, Gavriel Salvendy, Don Harris, and Richard Koubek, eds., *Usability Evaluation and Interface Design: Cognitive Engineering, Intelligent Agents and Virtual Reality*（Mahwah, NJ: Lawrence Erlbaum Associates, 2001）, 1558-62。

人形人（avatar）的心理學研究概論，請見Jim Blascovich and Jeremy Bailenson, *Infinite Reality: Avatars, Eternal Life, New Worlds, and the Dawn of the Virtual Revolution*（New York: William Morrow, 2011）and Jeremy N. Bailenson and Andrew C. Beall, "Transformed Social Interaction: Exploring the Digital Plasticity of Avatars," in R. Schroeder and A.S. Axelsson, eds., *Avatars at Work and Play*（New York: Springer, 2006）, 1-16。關於人形人在社會科學研究中的應用，請見Jesse Fox, Dylan Arena, and Jeremy N. Bailenson, "Virtual Reality: A Survival Guide for the Social Scientist," *Journal of Media Psychology* 21, no.3（2009）: 95-113。

「傑瑞米・貝倫森」應用程式包括簡短的傳記、論文ＰＤＦ檔、他在史丹佛大學的實驗室交通指南和最近的推特貼文，開發者為加州大學柏克萊分校的學生蘇爾雅・巴殊（Shourya Basu）和瓊恩・諾瑞卡（Jon Noreika）。

AutoCAD是「自動電腦輔助設計」（automatic computer-aided drafting/designing）的英文縮寫，功能為製作二維和三維物件的數位檔，最早用在建築業和精密製造業。

一九八〇年代，飛行員進行模擬訓練（飛行模擬器會產生完全實境感）時經常有嘔吐現象，「數位暈眩症」一詞便是從軍事心理學家和工程師對這個嘔吐現象的研究所衍生出來的，第一次提到的是人因研究者麥可．麥考利（Michael McCauley）和湯瑪斯．夏爾基（Thomas Sharkey）一九九二的論文“Cybersickness: Perception of Self-Motion in Virtual Environments,” *Presence* 1, no. 3（1992）：311-18。麥可．麥考利日後回憶道：「那時『數位』這個詞很流行，而我們研究的是模擬器暈眩症和虛擬實境暈眩症，因此改名為數位暈眩症似乎是理所當然的。」（麥考利於二〇一二年七月二日寫給作者的email。）

這裡提到的研究出自Jeremy N. Bailenson et al., “Transformed Social Interaction: Decoupling Representation from Behavior and Form in Collaborative Virtual Environments,” *Presence* 13, no.4（August 2004）：428-41; Nick Yee and Jeremy Bailenson, “The Proteus Effect: The Effect of Transformed Self-Representation on Behavior,” *Human Communication Research* 33（2007）：271-90; Jeremy Bailenson, S. S. Iyengar, Nick Yee, and N. Collins, “Facial Similarity between Voters and Candidates Causes Influence” *Public Opinion Quarterly* 72（2008）：935-61; Sun Joo Ahn and Jeremy N. Bailenson, “Self-Endorsing Versus Other-Endorsing in Virtual Environments: The Effect on Brand Attitude and Purchase Intention,” *Journal of Advertising* 40, no.2（Summer 2011）：93-106。

戴洛．班姆的觀察出自Bem, “Self-Perception Theory,” in Leonard Berkowitz, ed., *Advances in Experimental Social Psychology*, Volume 6（New York: Academic Press, 1972）, 2-57。

討論規畫和未來的自己的文獻很多，我個人的評論請見“Futures 2.0: Rethinking the Discipline,” *Foresight: The Journal of Futures Studies, Strategic Thinking and Policy* 12, no.1（Spring 2010）：5-20。在哲學領域中，帕菲特對未來自己的討論特別有影響力，請見Derek Parfit, *Reasons and Persons*（Oxford: Oxford University Press, 1984）。

傑西．福克斯的研究在他和貝倫森合寫的兩篇論文中有所討論，請見“Virtual Virgins and

Vamps: The Effects of Exposure to Female Characters' Sexualized Appearance and Gaze in an Immersive Virtual Environment," *Sex Roles* 61（2009）：147-57, and "Virtual Self-Modeling: The Effects of Vicarious Reinforcement and Identification on Exercise Behaviors," *Media Psychology* 12（2009）：1-25。

哈爾・赫許費德的作品請見Hershfield et al., "Neural Evidence for Self-Continuity in Temporal Discounting," *Social Cognitive and Affective Neuroscience*, 4, no.1（2009）：85-92; "Don't Stop Thinking about Tomorrow: Individual Differences in Future Self-continuity Account for Saving," *Judgment and Decision Making* 4, no.4（2009）：280-86; and "Increasing Saving Behavior Through Age-Progressed Renderings of the Future Self," *Journal of Marketing Research* 48（November 2011）：S23-37。受試者回答的問題都很簡單，例如「你叫什麼名字?」「你來自哪裡?」「生活中對什麼最有熱情?」等等。

關於失敗的討論，請見Charles Perrow, *Normal Accidents: Living with High Risk*（New York: Basic, 1984）和Mica Endsley, "Automation and Situat Awareness," in R. Parasuraman and M. Mouloua eds., *Automation and Human Performance: Theory and Applications*（Mahwah, NJ: Lawrence Erlbaum, 1996），163-181。後者描述自動化如何影響使用者對周遭世界和自己所使用的科技的理解。

我對於失敗和電腦科技錯誤的見解，受到我在劍橋微軟研究院前同事海倫納・門提斯的研究的影響，請見"User Recalled Occurrences of Usability Errors: Implications on the User Experience," *CHI 2003: New Horizons*, 736-737，和她的"Occurrence of Frustration in Human-Computer Interaction: The Affect of Interrupting Cognitive Flow"（M.A. Thesis, Cornell University, 2004）。

傑倫・藍尼爾對「群眾外包」的批評，請見他的爭議之作*You Are Not a Gadget: A Manifesto*（New York: Random House, 2010）.

庫茲威爾的*The Singularity Is Near*（New York: Viking, 2005）儘管充滿技術方面的細節，卻非常易讀。不過我必須釐清，我並不同意大部分的前提。至於「我剛才描述的複雜哲學問題，沒有理由不去相信在幾年內，電算方面會有強大的解決方案」，我發覺這類看似輕鬆的言論不大有說服力，但奇怪的是，這本書仍值得一讀。

戈登・貝爾與吉姆・傑美爾合著的生命日誌*You Life, Uploaded*（New York: Plume, 2010），尤其應該對照一些探討人類與電腦記憶差異的人機互動文獻，以求取平衡。另一位微軟研究院同事艾比蓋爾・謝倫的著作很值得參考，請見她與Steve Whittaker合著的 "Beyond Total Capture: A Constructive Critique of Lifelogging," *Communications of the ACM* 53, no.5（May 2010）: 70-77; and Vaiva Kalnikaite, Abigail Sellen, Steve Whittaker, and David Kirk, "Now Let Me See Where I Was: Understanding How Lifelogs Mediate Memory," *CHI 2010: Remember and Reflect*, 2045-54。關於我們可以在不久的未來自動化或取代人類技能的研究，有一篇論點廣而嚴謹的批判，Richard Harper et al., eds., *Being Human: Human Computer Interaction in the Year 2020*（Cambridge: Microsoft Research Ltd., 2008）。

數位記憶體的發展曲線也和摩爾定律類似。大學時代，我曾經造訪一位科學社群網路研究人員，他為了買一台二十MB的硬碟，幾乎用光了政府給他的經費。現在只要買數位相機就會附贈記憶卡，而且容量是那台硬碟的一百倍。

Viktor Mayer-Schönberger, *Delete: The Virtue of Forgetting in the Digital Age*（Princeton: Princeton University Press, 2009）在數位與人類記憶的差異的研究很具說服力。關於記憶的群體性有一個很好的例子，就是逮捕紀錄。消除犯罪紀錄，將已經坐牢付出代價的罪行拋到腦後，不再受它糾纏，如今是愈來愈難了。因為犯罪紀錄往往有多份副本，而且不一定有專責機構統籌管理。更麻煩的是，現在有公司專門將犯罪紀錄登錄上網，也有公司專門刪除這些紀錄（有時，這兩件事還是由同一家公司負責的）。

有關摩根・艾姆斯和他的「每童一電腦」計畫，請見Mark Warschauer and Morgan Ames, "Can One Laptop Per Child Save the World's Poor?" *Journal of International Affairs* 64, no.1（Fall/Winter 2010）: 33-51; and Mark Warschauer, Shelia R. Cotten, and Morgan G. Ames, "One Laptop Per Child Birmingham: Case Study of a Radical Experiment," *International Journal of Learning and Media* 3, no.2（Spring 2011）:

61-76。關於駭客，請見Steven Levy's 1984 *Hackers: Heroes of the Computer Revolution*（repr. Sebastapol CA: O'Reilly Media, 2010）。這本書率先記錄了駭客文化，出版之後影響了駭客文化（就像電影《教父》改變了聰明人的做事方法一樣）。Pekka Himanen, *The Hacker Ethic*（New York: Random House, 2001）也很出色。克勞德．史提勒著作甚豐，其中一篇很好的導論是Steele and Joshua Aronson, "Stereotype Threat and the Intellectual Test Performance of African Americans," *Journal of Personality and Social Psychology* 69, no.5（1995）, 797-811；同樣值得參考的還有"A Threat in the Air: How Stereotypes Shape Intellectual Identity and Performance," *American Psychologist* 52, no.6（June 1997）：613-29和*Whistling Vivaldi: How Stereotypes Affect Us and What We Can Do*（New York: W. W. Norton, 2011）。有關固定型心態和成長型心態的影響，請見Carol Dweck, *Mindset: The New Psychology of Success*（New York: Random House, 2006）。

第五章　實驗

根據美國線上公司二〇〇八年做的一項調查，五成九的受訪者表示會在浴室裡檢查電郵。（AOL Mail二〇〇八年第四屆網路成癮調查；結果公布在網站http://cdn.webmail.aol.com/survey/aol/en-us/index.htm.）。另外，九成一的黑莓機用戶承認會在浴室裡檢查電郵。請見Kevin Michaluk, Martin Trautschold, and Gary Mazo, *CrackBerry: True Tales of BlackBerry Use and Abuse*（New York, NY: Apress, 2010）, 16-17。

有關自我實驗，請見Seth Roberts, "Self-Experimentation as a Source of New Ideas: Ten Examples about Sleep, Mood, health, and Weight," *Behavioral and Brain Sciences* 27（2004）：227-88。

七拼八湊（tinkering）不只是客製化或閱讀說明書，而是一種使用科技、改變科技的方式，不僅實用而且充滿即興，強調彈性、快速學習與有什麼用什麼。七拼八湊可以充滿樂趣、令人著迷，有人形容和坐禪很像。七拼八湊還是非常社群化的：同好們會分享創意、交換設計祕訣、炫耀自己的成品。七拼八湊的技能在美國已經被推崇為自我教育和自我提升的表現，是學習新技能和更充分認識自身環境的一種有趣方式。馬克・弗勞恩費德（Mark Frauenfelder）是《製造》（*Make*）雜誌編輯和創作者園遊會（Maker Faire）共同發起人，他的《動手做：在廢棄物裡尋找意義》（*Made by Hand: Searching for Meaning in a Throwaway World,* New York: Portfolio, 2010）是介紹「東拼西湊」的絕佳導論。至於稍微學術一些的觀點，請見Anne Balsamo, *Designing Culture: The Technological Imagination at Work*（Durham, NC: Duke University Press, 2011）, esp. chap. 4, and Anya Kamenetz, *DIY U: Edupunks, Edupreneurs, and the Coming Transformation of Higher Education*（White River Junction, VT: Chelsea Green, 2010）。

路柏特・布魯克描述葛蘭切斯特的詩作為一九一二年完成的“The Old Vicarage, Grantchester”。

關於湯馬斯・梅頓的沉思式攝影，請見Philip Richter, “Late Developer: Thomas Merton's Discovery of Photography as a Medium for His Contemplative Vision,” *Spiritus: A Journal of Christian Spirituality* 6, no.2（Fall 2006）: 195-212。

關於觀照和遊戲，有一項很有趣的研究：Jayne Gackenbach and Johnathan Bown, “Mindfulness and Video Game Play: A Preliminary Inquiry,” *Mindfulness* 2, no. 2（June 2011）: 114-22。

我對能供性的理解來自Abigail Sellen and Richard Harper, *The Myth of the Paperless Office*（Cambridge, MA: MIT Press, 2001）。這本書出色地證明了印刷媒體有一些我們覺得並不重要的特質，結果卻成為所有閱讀和工作方式的基礎。

凡內瓦・布希對「滿覓思」的描述，請見 “As We May Think,” *Atlantic Monthly*（July 1945），網址為 http://www.theatlantic.com/magazine/archive/1969/12/as-we-may-think/3881/。雖然滿覓思始終不曾出現，目前普遍認為這是對超文本最早、最具啟發性的描述。有關布希的論文的影響力，請見James Nyce and Paul Kahn, eds., *From Memex to Hypertext: Vannevar Bush and the Mind's Machine*（San

Diego, CA: Academic Press, 1991）。

我所訪問的重度閱讀者愈來愈難避開電子童書了，因為能用Kindle或iPad閱讀的兒童讀物和偉易達（VTech）電子學習器的市場成長迅速。不過，目前有證據顯示，閱讀紙本書的孩童學習閱讀更快，更有效率。請見 Cynthia Chiong, Jinny Ree, Lori Takeuchi, and Ingrid Erickson, *Print Books vs. E-Books: Comparing Parent-Child Co-Reading on Print, Basic, and Enhanced E-Book Platforms*（New York: Joan Ganz Cooney Center at Sesame Workshop, 2012），網址請見http://www.joanganzcooneycenter.org。

自動化的諷刺是莉珊・班布里奇（Lisanne Bainbridge）一篇經典論文的標題。班布里奇在論文中主張「控制系統愈先進，人類操作員的貢獻或許反而愈重要」。家用科技發展史的必讀經典為Ruth Schwartz Cowan, *More Work for Mother: The Ironies of Household Technology from the Open Hearth to the Microwave*（New York: Basic Books, 1985）。

傑文斯悖論最早出現在William Stanley Jevons, *The Coal Question: An Inquiry Concerning the Progress of the Nation, and the Probable Exhaustion of Our Coal-Mines*（London: Macmillan and Co., 1865），集中在第七章。

防鎖死煞車系統無法減少車禍，因為駕駛有「風險補償」心理，認為防鎖死煞車系統讓開車更安全，結果反而開車更大膽。這樣的見解最早出現在M. Aschenbrenner & B. Biehl, "Improved Safety Through Improved Technical Measures? Empirical Studies Regarding Risk Compensation Processes in Relation to Anti-Lock Brake Systems," in R.M. Trimpop & G.J.S. Wilde, eds., *Changes in Accident Prevention: The Issue of Risk Compensation*（Groningen, The Netherlands: Styx Publications, 1994）, 81-89。Edward Tenner *Why Things Bite Back: Technology and the Revenge of Unintended Consequences*（New York: Vintage, 1997），也提到這一點和其他科技導致意外後果的例子。另外也可參考Alex Soojung-Kim Pang, "A Banquet of Consequences: Living in the 'Nobody-Could-Have-Predicted' Era," *World Future Review* 3, no. 2（Summer 2011）: 5-10。

瑪格莉特・蒙托勞的部落格*Mind Deep*（http://minddeep.blogspot.com/）文筆流暢、真情流露，而且充滿機智。

市面上有不少關於社群媒體與現代教會的書，例如Elizabeth Drescher, *Tweet If You Heart Jesus: Practicing Church in the Digital Reformation*（Harrisburg, PA: Morehouse, 2011）和Jesse Rice, *The Church of Facebook*（Colorado Springs, CO: David C. Cook, 2009）。Soren Gordhamer, *Wisdom 2.0: Ancient Secrets for the Creative and Constantly Connected*（New York: HarperOne, 2009），Lori Deschene, "Ten Mindful Ways to Use Social Media: Right Tweeting Advice from @TinyBuddha," *Tricycle*（Spring 2011，網址 http://www.tricycle.com/feature/ten-mindful-ways-use-social-media）都應用佛教哲學來面對科技。

「先生活，再推文」這個主張令人想起文學史學家瓦特・翁恩（Walter Ong）的觀察。他發現印刷術發明之後，故事的結構變得更為複雜。口耳相傳的故事通常是線性的，結構往往不出「發生了這個，然後發生了那個，接著又發生那個」。書寫發明之後，複雜的敘事結構才開始出現，人們才開始察覺事件的詮釋可能隨著時間改變，導致故事變得更為複雜。社群媒體強調「即時」，因此比較接近聊天，但也由於它重現了一些口傳文化的特質，使得我們變得比較不會深思。請見Ong, *Orality and Literacy*.

有關文藝復興備忘錄的討論，請見Ann Blair, "Humanist Methods in Natural Philosophy: The Commonplace Book," *Journal of the History of Ideas* 53, no.4（Oct. 1992）: 541-51, and Ann Moss, *Printed Commonplace-Books and the Structuring of Renaissance Thought*（Oxford: Clarendon Press, 1996）。

本章關於建築和繪畫的討論出自Witold Rybczynski, "Think Before You Build: Have Computers Made Architects Less Disciplined?" *Slate*（30 March 2011），網址http://www.slate.com/articles/arts/architecture/2011/03/think_before_you_build.html; an interview with Renzo Piano," *Architectural Record*（2011），網址 http://archrecord.construction.com/people/interviews/archives/0110piano.asp; interviews with William Huchting, David Brownlee, and Chris Luebkeman。另外請見James Wines, "Drawing and

Architecture," *Blueprint*（30 September 2009），網址http://www.blueprintmagazine.co.uk/index.php/architecture/james-wines-drawing-and-architecture/。

認為電腦輔助設計對教育和思考造成嚴重傷害的不只有賓州大學。艾倫・巴佛教授主張，電腦出現前，學生必須從歷史、雕塑、設計書和其他同學身上擷取想法，然而，數位世界「是一種內化而侷限的虛擬經驗，讓人感覺工具和機器內含的資訊，比人對地方的感受或歷史背景更能激發創意」。請見Alan Balfour, "Architecture and Electronic Media," *Journal of Architectural Education* 54, no. 4（May 2001）: 268-71。同樣地，雪城大學教授羅伯・史維茨（Robert Svetz）主張：「手工製圖的思維和學習形態其實更有實力，當數位生產力的心態取代之，在設計上犧牲的代價就太高了。」"Svetz, "Drawing/Thinking: Confronting an Electronic Age," *Journal of Architectural Education* 63, no. 1（October 2009）:155-57。

想也知道，克努斯告別電郵的宣告是寫在網路上的：http://www-cs-faculty.stanford.edu/~uno/email.html。

第六章　重新定焦

編輯蘇珊娜・達爾文（Susana Darwin）指出「發呆兩分鐘」網站的海平面不夠平。

華生的《雙螺旋體：DNA發現者的青春告白》一九六八年初版，我帶到劍橋的是二〇〇一年版，附有席維亞・納薩（Sylvia Nasar）的前言。

二〇〇八年《自然》期刊調查發現，兩成的讀者說，他們曾經「基於無關醫療的理由服用藥物來提高專注力、專心和記憶力」。請見Brendan Maher, "Poll Results: Look Who's Doping," *Nature* 452（10 April 2008）: 674-75。調查的靈感出自Barbara Sahakian and Sharon Morein-Zamir, "Professor's Little Helper," *Nature* 450（20 December 2007）, 1157-59。會使用藥物提升腦力的，不只有大學教授或研究

生。多項普查顯示，美國大學生使用認知增進藥物的比例愈來愈高，請見Beth Azar, “Better Studying Through Chemistry?” *APA Monitor* 39, no. 8（September 2008）：42。

達爾文近來吸引了兩位重量級傳記作家為他立傳：Janet Browne的兩卷著作*Charles Darwin: Voyaging*（Princeton, NJ: Princeton University Press, 1996）and *Charles Darwin: The Power of Place*（Princeton, NJ: Princeton University Press, 2003）, and Adrian Desmond and James Moore, *Darwin: The Life of a Tormented Evolutionist*（New York: W. W. Norton, 1994）。這兩本書都是文字優美、考證嚴謹的力作，也是我理解達爾文的參考依據。

在許多人印象中，小獵犬號的旅程是達爾文生涯的轉捩點，也是科學史的重大轉折。的確如此。五年航行期間，達爾文在幾乎沒有西方科學家探訪過的地區，進行地質學和生物學考察。這些觀察所得，成為他日後數十年思考和建構理論的基礎。他在智利目睹地震，親眼證實地球不斷受到自然力的作用，持續小幅度推高山脈、淹沒海底火山，聖經提到的大洪水和上帝的力量其實是無稽之談。他推斷太平洋的環珊瑚礁是沉沒的火山邊緣。最有名的是他在加拉巴哥群島（Galapagos Islands）上觀察到物種分化，開啟了他一連串的思考，最終在多年後匯集成天擇演化論。

達爾文能夠享受鄉居生活，並依此維生，一個原因是他和艾瑪經濟無虞。他和艾瑪是表兄妹，兩人共同的祖父是瑋緻活（Wedgwood）瓷器的創辦人，而他父親羅伯特則是精明的房地產和企業投資客。因此他和艾瑪在塘屋的生活開銷主要來自遺產、投資和農場所得，雖然無法過得豪奢，卻綽綽有餘。有關塘屋和沙徑，請見Arthur Keith, “Side-Lights on Darwin’s Home-Down House,” *Annals of the Royal College of Surgeons* 12, no. 3（March 1953）：197-207; Gene Kritsky, “Down House: A Biologist’s Perspective,” *Bios* 54:1（March 1983）, 6-9。達爾文規律的生活（「我的生活步調就如時鐘一般，何時該完成什麼都精準無誤」），出自他於一八四六年十月一日寫給氣象專家菲茲羅（Robert FitzRoy）的書信。「達爾文書信計畫」網址：http://www.darwinproject.ac.uk。

想要第一手感受達爾文的生活，可以上網到「達爾文書信計畫」閱讀他的書信和相關的當代著作。沙徑和塘屋的木刻畫，請見Rev. O. J. Vignoles, "The Home of a Naturalist," *Good Words* 34（1893）: 95-101，網址：http://darwin-online.org.uk/content/frameset?viewtype=side&itemID=A483&pageseq=1。

有關散步的歷史，請見Rebecca Solnit's *Wanderlust: A History of Walking*（London: Verso, 2001）。散步能提升大腦的認知功能，一方面來自散步的心理效益（散步能強化心臟和血液循環，提高大腦活力，進而提升認知能力），另一方面來自人與自然互動的心理效益。請見Marc G. Berman, John Jonides, and Stephen Kaplan, "The Cognitive Bene ts of Interacting With Nature," *Psychological Science* 19, no. 12（2008）: 1207-12。有關腦傷者藉由散步可得到療癒的好處，請見Andreas R. Luft, Richard F. Macko, Larry W. Forrester, Federico Villagra, Fred Ivey, John D. Sorkin, Jill Whitall, Sandy McCombe-Waller, PT, Leslie Katzel, Andrew P. Goldberg, and Daniel F. Hanley, "Treadmill Exercise Activates Subcortical Neural Networks and Improves Walking After Stroke: A Randomized Controlled Trial," *Stroke* 39, no. 12（December 2008）: 3341-50。

史帝芬・卡普蘭對自然復癒環境的研究，請見Kaplan, Lisa V. Bardwell, and Deborah B. Slakter, "The Museum as a Restorative Environment," *Environment and Behavior* 25（1993）: 725-42; Kaplan and J. Talbot, "Psychological Benefits of a Wilderness Experience," in I. Altman & J. F. Wohlwill, eds., *Behavior and the Natural Environment*（New York: Plenum, 1993）, 163-203; Kaplan, "The Restorative Benefits of Nature: Toward an Integrative Framework," *Journal of Environmental Psychology* 16（1995）, 169-82; and Kaplan, "Meditation, Restoration, and the Management of Mental Fatigue," *Environment and Behavior* 33（2001）, 480-506。引文出自Kaplan, "The Urban Forest as a Source of Psychological Well-Being," in Gordon Bradley , ed., *Urban Forest Landscapes: Integrating Multidisciplinary Perspectives*（Seattle: University of Washington Press, 1995）, 102。

想瞭解卡普蘭的研究如何應用在環境建造和設計上，請見Rebecca Krinke, ed., *Contemporary Landscapes of Contemplation*（London: Routledge, 2005）, and Bianca C. Soares Moura, "Contemplation-

Scapes: An Enquiry into the Strategies, Typologies and Design Concepts of Contemplative Landscapes"（master's thesis, Edinburgh College of Art, 2009）。

庭園的療癒功能自成一個學術研究專題，代表性論著是美國園藝治療協會出版的《治療性園藝期刊》（*Journal of Therapeutic Horticulture*）。英國近年來，有一些社會和治療性園藝也有所發展。相關導論，請見Joe Sempik, Jo Aldridge, Saul Becker, *Health, Well-being and Social Inclusion: Therapeutic Horticulture in the UK*（Bristol, UK: Policy Press, 2005）。有關自然環境的復癒效果，更好讀、更廣泛的文獻資料請見Eric Jaffe, "This Side of Paradise Discovering Why the Human Mind Needs Nature," *Association for Psychological Science Observer*（May/June 2010），網址 http://www.psychologicalscience.org/observer/getArticle.cfm?id=2679。

將復癒活動稱為「分心」的文章包括Hanif Kureishi, "The Art of Distraction," *New York Times*（February 19, 2012）, and James Surowiecki, "In Praise of Distraction," *New Yorker*（April 11, 2011）。

第七章　休息

本章大部分內容出自我所做的訪談，但數位安息日已經引來不少出色（謝天謝地）作者的注意，例如威廉．鮑爾斯（William Powers）的《哈姆雷特的黑莓機：數位時代打造美好生活的實用哲學》（*Hamlet's BlackBerry: Building a Good Life in the Digital Age*）的最後一章。另外，蘇珊．毛夏特（Susan Maushart）的《我們離線的冬天》（*The Winter of Our Disconnect*）則是以幽默詼諧的手法描述了作者全家離線一個月的生活。

二〇一二年四月，狄昂．桑德斯（Deion Sanders，前職業美式足球角衛、名人堂成員、前職業棒球員）在推特即時推文說他遇到家庭暴力，他妻子皮拉（Pilar，現為前妻）「和她朋友衝進房間朝我撲來」。請見Chuck Schilken, "Deion Sanders Tweets Wife Assaulted Him in Front of Their Kids," *Los*

Angeles Times（April 24, 2012），網址http://articles.latimes.com/2012/apr/24/news/chi-deion-120424。美國改裝房車賽車手布瑞德．楷士洛斯基（Brad Keselowski）更厲害，二〇一二年戴通納五百圈（Daytona 500）長途賽時，他現場推文說出了車禍。請見Bill Speros, "It's a NASCAR social media meet-up!" *ESPN*（February 28, 2012），網址http://espn.go.com/espn/page2/story/_/id/7626813/brad-keselowski-live-tweet-turns-daytona-500-social-media-meet-up。福斯新聞網記者葛蘭特．卡東（Grant Cardone）和美國有線新聞網記者艾里．維爾希（Ali Velshi）正好坐上達美航空一〇六三班機，兩人現場推文報導了飛機緊急降落的經過。請見"Birds' Run-in with Engine Caught on Twittersphere," *KPCC 89.3*（April 19, 2012），網址http://storify.com/kpcc/birds-run-in-with-engine-caught-on-twittersphere。

當然，機上無線網路已經進駐你身旁。美國數家航空公司於二〇〇九年開始提供機上網路，幾家主要國際航空業者也宣布將於二〇一三年在長途班機上提供無線網路。

在數位安息日提倡者名單中見到廣告公司老闆似乎有點奇怪，例如創設「離線公司」（Offlining）的迪戈廣告（DIGO）執行長馬克．狄馬西莫（Mark DiMassimo）和傑利哥通訊公司（Jericho Communication）總裁艾瑞克．雅弗鮑姆（Eric Yaverbaum）。狄馬西莫和雅弗鮑姆坦承，他們「過去二十年幾乎都在說服你登錄會員、點擊這裡、立刻來電、上網瀏覽和搜尋」，直到創立離線公司才有改變。但別忘了不少禪軟體是廣告公司發明的。他們的分心症和我們一樣嚴重。

媒體首次提到數位安息日，請見Don Lattin, "In Praise of a Day Unplugged," *SF Gate*（April 29, 2001），網址http://www.sfgate.com/living/article/In-praise-of-a-day-unplugged-2926770.php，內容主要在討論矽谷人的數位安息日（又稱數據安息日）。

目前還沒有人實際測量數位安息日對實踐者的心跳、血壓或其他生理健康指數的影響，但人口統計學家很早就發現健康和信奉宗教有關，因此這類研究可能很有用。以美國猶太人為例，自我報告研究顯示，健康和信奉宗教有些微相關，但很難判斷健康改善是出於遵守飲食戒律、安息日或其他原因。請見Isaac Eberstein and Kathleen Heyman, "Jewish Identity and Self-Reported Health," in Christopher G. Ellison and Robert A. Hummer, eds., *Religion, Families, and Health: Population-Based Research in the United States*（New Brunswick, NJ: Rutgers University Press, 2010）, 349-67。

大衛・李維對於科技和沉思的著述很值得一讀，尤其是 “To Grow in Wisdom: Vannevar Bush, Information Overload, and the Life of Leisure,” *Proceedings of the 5th ACM/IEEE-CS Joint Conference on Digital Libraries*（New York: ACM, 2005）, 281-86; “Information, Silence, and Sanctuary,” *Ethics and Information Technology* 9（2007）: 233-36; and “No Time to Think: Reflections on Information Technology and Contemplative Scholarship,” *Ethics and Information Technology* 9（2007）: 237-49。李維目前正在主持一個研究計畫，他稱之為「沉思多工作業」。請見Levy, Jacob Wobbrock, Al Kaszniak, and Marilyn Ostergren, “Initial Results from a Study of the Effects of Meditation on Multitasking Performance,” *Extended Abstracts of the ACM Conference on Human Factors in Computing Systems*（*CHI ‘11*）（Vancouver, BC: May 7-12, 2011）, 2011-2016; and Levy et al., “The Effects of Mindfulness Meditation Training on Multitasking in a High-stress Information Environment,” *Proceedings of Graphics Interface*（*GI ‘12*）（Toronto, Ontario: May 28-30, 2012）: 45-52。

塔咪・史托伯關於自己追求簡化的描述，請見*You Can Buy Happiness*（*and It’s Cheap*）*: How One Woman Radically Simplified Her Life and How You Can Too*（Novato, CA: New World Library, 2012）；克莉絲汀・羅森寫了一篇很優雅的短文介紹多工作業和她的數位安息日：“The Myth of Multitasking,” *New Atlantic 20*（Spring 2008）: 105-110。葛溫・貝爾的電子書*Digital Warriorship*（2011）中，也介紹了她的數位安息日。

許多人認為艾米許人反對現代科技，但這樣的說法對艾米許人和對佛教徒都是錯誤的。傑姆森・威特莫（Jameson Wetmore）解釋道，艾米許人集體「選擇他們認為最能弘揚他們價值觀（如謙卑、平等與簡樸）的科技，和外面世界所採用的科技不同」。請見Wetmore, “Amish Technology: Reinforcing Values and Building Community,” *IEEE Technology and Society Magazine*（Summer 2007）,

10-21, quote on 21。有關艾米許人對科技的態度，更詳細的研究，請見Donald Kraybill, *The Riddle of Amish Culture*（Baltimore: Johns Hopkins University Press, 2001）, and Kraybill and Stephen Nolt, *Amish Enterprise: From Plows to Profits*（Baltimore: Johns Hopkins University Press, 2004）, esp. 106-124。另外，*The Amish Struggle with Modernity*, a collection of essays edited by Kraybill and Marc Alan Olshan（Hanover, NH: University Press of New England, 1995）也提供了許多精彩的素材。針對艾米許人和門諾派信徒對科技與媒體的態度，戴安．齊默曼．烏伯（Diane Zimmerman Umble）也做了一些研究，例如"The Amish and the Telephone: Resistance and Reconstruction," in Roger Silverstone and Eric Hirsch, eds., *Consuming Technologies: Media and Information in Domestic Spaces*（London: Routledge, 1992）, 183-94。這篇論文包含了她後來出版的著作（*Holding the Line: The Telephone in Old Order Mennonite and Amish Life*, Baltimore, Johns Hopkins University Press, 1996）的主要論點。關於這個主題，比較流行的觀點請見Howard Rheingold, "Look Who's Talking," *Wired Magazine* 7, no. 1（January 1999），網址http://www.wired.com/wired/archive/7.01/amish.html。

湯馬斯．梅頓曾在他的散文〈在行動世界中沉思〉裡提到啤酒，請見"Contemplation in a World of Action," reprinted in *Thomas Merton, Spiritual Master: The Essential Writings*（Mahwah, NJ: Paulist Press, 1992）, 377。他可能在呼應富蘭克林的名言：「啤酒的存在證明神愛世人，希望世人快樂。」這句話非常動聽，可惜是偽造的。不過，富蘭克林倒是對紅酒有過類似的評論。見Charles W. Bamforth在*Beer Is Proof God Loves Us: Reaching for the Soul of Beer and Brewing*（Upper Saddle River, NJ: Pearson Education, 2011）中的註記。

雖然「紙上推特」是貝爾自己想出來的，但最早使用這個詞的似乎是「敲敲」（Knock Knock）創辦人簡恩．畢利克（Jen Bilik）。這家公司曾經在二〇一〇年到一一年設計並販售「紙上推特」便條紙，希望利用「紙筆的無線奇蹟」讓作家「掌握簡短之道」，並教導「現代大眾禮儀」。在紙上推特便條紙之前，已經有不少擷取數位媒體概念的紙製品，例如紙上GPS（讓使用者記述路線）、紙上電郵和紙上表情符號等。畢利克解釋道：「很多幽默都來自事物的反面，或以意料之外的方式呈現某些東西。電郵或推特的好用來自於它們是數位媒體，因此改成在紙上做本身就很滑稽。」請見interview with Jen Bilik, 10 July 2012; product description from the Knock Knock online catalog, http://www.knockknockstuff.com/catalog/categories/pads/nifty-notes/paper-tweet-nifty-note/. Bilik and Knock Knock are profiled in Liz Welch, "The Way I Work: Jen Bilik of Knock Knock," *Inc.*（October 2011），網址 http://www.inc.com/magazine/201110/the-way-i-work-jen-bilik-of-knock-knock.html。

安息日宣言共有十項原則：遠離科技、和親人聯繫感情、培養健康、多到戶外活動、遠離商業買賣、點蠟燭、喝紅酒、吃麵包、追求靜默、回饋他人。

數位安息日實踐者通常說自己「還算信奉宗教」，原因之一是較有宗教信仰的科技愛用者比較不需要自己發明新的儀式或理論。基督徒要將離線納入週日的作息並不困難，因為他們的週日本來就強調陪伴家庭和社群。猶太人本來就有許多正式而細緻的禁令，不准使用非必要的電子設備或家電用品。對這兩種人來說，安息日不需要重新發揚光大，只需要好好遵守。事實上，許多正統教義人士對於安息日宣言和數位安息日運動一直頗多批評。請見Joseph Aaron, "People of the Twitter," *Chicago Jewish News*（29 April 2011），網址http://www.chicagojewishnews.com/story.htm?sid=2&id=254535。不過，有傳聞顯示就算是極為虔誠的家庭也會有數位分心的問題：Steve Lipman, "For Many Orthodox Teens, 'Half Shabbos' Is A Way Of Life," *The Jewish Week*（June 22, 2011），網址http://www.thejewishweek.com/news/national-news/many_orthodox_teens_half_shabbos_way_life。

莫利・費斯坦出現在Season 5, Episode 41 of *Curb Your Enthusiasm*. "The Larry David Sandwich" aired on 25 September 2005。

我沒有宗教信仰可能要怪在我父母親頭上，因為他們從小被嚴格要求，長大後出於反叛精神，對宗教完全不在乎。我小時候住在維吉尼亞州郊區，週日根本和宗教無關，而是用來對付不合邏輯的週日法規（譯註：美國殖民地時代禁止週日出售酒類和某些物品）、寫之前沒寫的功課，或玩我祖母發明的遊戲，名叫「這個小鬼怎麼沒去上主日學？」。我妻子和她家人認為他們在文化上算是新教徒，祖先一路可以回溯到宗教改革時期，而他們過感恩節的方式跟諾曼．洛克威爾（Norman Rockwell）畫裡描繪的一模一樣，幾家人圍著一張擺滿食物的大桌子，只是少了幾分優雅。我對宗教儀式的感覺就和聾人對芭蕾舞的感覺差不多。聾人能欣賞舞者的肢體動作和熱情、讚嘆布景設計並瞭解故事節奏，但永遠有一部分無法體會。在劍橋的時候，我和妻子到氣勢非凡的國王學院教堂參加晚禱。我喜歡那些美妙的程序和宏偉的空間，音樂和儀式進行的步調也很有復癒效果。英國國教認為晚禱「很酷又很古老」的想法深得我心，而說到宏偉，我想沒有其他建築比得上這座氣宇軒昂的英國哥德式教堂。亨利八世出資捐助，以展現都鐸王室的虔誠與權力（最近因為天主教廷歸還當初竊走的財富，讓都鐸王室變得更富有了）。儘管如此，我還是感受不到絲毫的神聖，感受不到信徒似乎擁有和珍惜的感受。老實說，我也不覺得自己有可能感受到。

亞伯拉罕．赫歇爾的《安息日對現代人的意義》二〇〇五年新版非常出色，前言由他女兒蘇珊娜（Susannah）撰寫，非常有啟發性。最近有幾本很棒的著作也在討論安息日，其中最值得一提的是Judith Shulevitz, *The Sabbath World: Glimpses of a Different Order of Time*（New York: Random House, 2010）。

左派對於「即時」概念的批判，請見Wayne Hope, "Global Capitalism and the Critique of Real Time," *Time & Society* 15, no. 2-3（2006）：275-302。我對工業和天文時間的看法來自Simon Schaffer, "Astronomers Mark Time: Discipline and the Personal Equation," *Science in Context* 2（1988）：115-45。

即時有它的代價，當然也有好處。例如，安東尼．湯森就表示，他老家紐約市的計程車司機會用手機分享載客訊息，像是哪裡有顧客聚集，哪條路正在塞車，哪些路線免費等等。凡是使用過即時旅遊資訊、天氣更新和電話加簡訊跟朋友碰面的人，都知道即時分享資訊的好處。即時偶爾甚至會創造出愉悅的並置。有一次，我的臉書牆上出現的朋友動態正好譜成一個精彩的眾生相"A power trio of 6 graders just rocked Blue Oyster Cult's 'Godzilla'"; "Ah, Dub-lin, Dublin, Dublin"; "Hoboken Italian Festival in Sinatra Park. This is the celestial convergence of Jerseyana"; "Brenda McMorrow is rocking my Bhakti heart on the Hanuman stage"。只是幾個月後，當我想找出這一小幅浮世繪時，卻得下載整面牆來搜尋，因為臉書當時還不提供牆面搜尋功能。就臉書而言，重要的只有當下發生的一切。

丹尼爾・席柏格的《數位節約術：四招打破科技上癮症，重拾平衡人生》（*The Digital Diet: The 4-Step Plan to Break Your Tech Addiction and Regain Balance in Your Life*, New York: Three Rivers Press, 2011）提供一套二十八天的訓練，幫助你治療科技上癮症。首先是七天的解毒期，除了建議讀者將手機和其他令人分心的科技產品放到冰箱，還鼓勵讀者測量「虛擬體重指數」（數位版的身體質量指數），將擁有的電子設備、社群媒體和電子郵件帳戶、常玩的虛擬遊戲和固定在寫的部落格數目加起來。某樣東西愈容易讓人分心，「體重」就愈高，例如手機的體重是桌上型電腦的三倍，魔獸世界帳號是數位相機的七倍。

Clay Johnson的*Information Diet: A Case for Conscious Consumption*（San Francisco: O'Reilly Media, 2012）這本書介於麥可・波倫（Michael Pollan）和大衛・布洛德（David Broder）的寫作風格之間。二〇〇四年，霍華德・狄恩（Howard Dean）競選美國總統，克雷・詹森是他的科技導師。詹森認為偏袒單一政黨的新聞和部落格就像高熱量、低纖的垃圾食物，是美國政治環境惡化、選民連結變強但資訊吸收減少的罪魁禍首。

沒有人對不同宗教的禁食傳統做過比較研究，這一點真是令人不敢置信。在相關書籍問世之前，值得參考的著作包括Kees Wagtendonk's *Fasting in the Koran*（Leiden, Netherlands: E. J. Brill, 1968）和社會學家約瑟夫・塔姆尼（Joseph B. Tamney）的作品，尤其是"Fasting and Modernization," *Journal for the Scientific Study of Religion* 19, no. 2（June 1980）: 129-37, and "Fasting and Dieting: A Research Note," *Review of Religious Research* 27, no. 3（March 1986）: 255-62。宗教禁食對健康的影響請見A. M. Johnstone, "Fasting: The Ultimate Diet?" *Obesity Reviews* 8, no. 3（May 2007）: 211-22, and

John F Trepanowski and Richard J. Bloomer, "The Impact of Religious Fasting on Human Health," *Nutrition Journal* 9（2010）：57-65。

不少猶太教和非猶太教作者都贊同安息日的休息是主動的。循道會牧師安恩・狄倫許奈德引述維也納實驗心理學家兼本篤會修士大衛・史湯達爾－拉斯特（David Steindl-Rast）的話說：「疲憊的解藥不是**休息**，是全心全意。」在最初的科技安息日課程裡，狄倫許奈德和鮑爾會講述《歡娛在週末》裡的一個故事。一位有名的鋼琴大師告訴仰慕者說，他的音樂不在音符裡，而在音符之間的停頓裡。某個希伯來文註釋寫道：「偉大的生活就如同偉大的音樂，技巧在停頓裡。」安息日的停頓讓我們有機會培養「生活藝術」。

第八章　沉思式計算八步

本章提到的八大原則顯然是仿照佛教的八正道：正見、正思維、正言、正業、正命、正精進、正念和正定。

圍棋於公元前六世紀由中國人發明，是目前尚在流傳最古老的桌上遊戲。棋士分別持黑子和白子，在長寬各十九格的棋盤上爭奪占據最多的棋格。雖然單一棋子的路數有限，但由於棋格量多、棋路複雜，要將離散的棋子匯集成強大的棋群以抵禦對手攻擊並不容易，使得圍棋很難精通。

夢窗疏石相當於英國建築師克里斯多夫・倫恩、英國詩人約翰・鄧恩（John Donne）和英國十二世紀大法官湯瑪斯・貝克特（Thomas Becket）的綜合體。有關天龍寺和夢窗疏石的設計與影響，請見François Berthier, trans. Graham Parkes, *Reading Zen in the Rocks: The Japanese Dry Landscape Garden*（Chicago: University of Chicago Press, 2000）, and Katherine Anne Harper, "Daiunzan Ryoanji Sekitei–the Stone Garden of the Mountain Dragon's Resting Temple: Soteriology and the Bodhimandala," *Pacific World*, n.s. 10（1994）：116-30。

國家圖書館出版品預行編目資料

分心不上癮：如何保有線上生活，卻免於家庭失和、同事臭臉、靈魂墮落 / 方洙正（Alex Soojung-Kim Pang）著；賴盈滿譯. -- 初版. -- 臺北市：大塊文化, 2014.10

面；　公分. --（smile；118）

譯自：The Distraction Addiction

ISBN 978-986-213-549-5（平裝）

1. 網路使用行為　2. 網路沉迷

312.014　　　　103017958

LOCUS

LOCUS

LOCUS

LOCUS